DIE SCHWACHSTROMTECHNIK

IN

EINZELDARSTELLUNGEN.

Herausgegeben von

J. Baumann,   und   **Dr. L. Rellstab,**
München.   Schöneberg-Berlin.

I. Band: **Der wahlweise Anruf**
in
Telegraphen- und Telephonleitungen
und die
Entwicklung des Fernsprechwesens
von
J. BAUMANN.

München und **Berlin.**
Druck und Verlag von R. Oldenbourg.
1904.

Der wahlweise Anruf

in

Telegraphen- und Telephonleitungen

und die

Entwicklung des Fernsprechwesens.

Von

J. BAUMANN.

Mit 25 Textabbildungen.

München und Berlin.

Druck und Verlag von R. Oldenbourg.

1904.

Vorwort.

Die Einbeziehung mehrerer Stationen in ein und dieselbe Leitung in Verbindung mit dem wahlweisen Anruf bildet eines der interessantesten und am stärksten umworbenen Probleme der Schwachstromtechnik. Die Bemühungen um eine befriedigende Lösung reichen bis in die Anfänge der Telegraphie zurück und haben mit dem Auftreten des Telephons von Jahr zu Jahr an Umfang und Bedeutung zugenommen in dem Maße, als die gesamte Entwicklung des Fernsprechwesens auf eine intensivere Ausnutzung der Leitungen hindrängt.

Es kann sich nach dem ganzen Plane der mit vorliegender Schrift beginnenden Sammlung von Einzeldarstellungen der Schwachstromtechnik für die folgenden Ausführungen nicht um den Versuch handeln, einen Überblick über die heute schon endlose Reihe von Vorschlägen, Schaltungen und Apparatkonstruktionen, welche das Ziel der Benutzung gemeinsamer Leitungen und den wahlweisen Anruf zum Gegenstand haben, zu geben. Zudem entspringt die Fülle der Lösungsversuche nicht etwa einer ähnlichen Fülle der zur Lösung verfügbaren Prinzipien, vielmehr sind der technisch wirklich gangbaren Wege recht wenige und jener Reichtum enthält in Wirklichkeit nur Variationen einer ziemlich beschränkten Anzahl technischer Ideen. Dagegen beweist die unübersehbare Produktion, welch hohe ökonomische Bedeutung der Aufgabe von allen Seiten beigelegt wird. In der Tat bildet die Frage der gemeinsamen Benutzung ein und derselben Anschlußleitung zum Fernsprechamt durch mehrere verschiedene Teilnehmer geradezu den Kernpunkt der gesamten Frage der Entwicklung des öffentlichen Fernsprechwesens. Und so unerläßlich eine völlig befriedigende Bewältigung der technischen Aufgaben naturgemäß sein muß, so

erhalten doch die Bemühungen dieser Art erst Sinn und Richtung
durch die Forderungen, welche durch die wirtschaftliche Seite
der Frage gestellt werden. Wenn daher in der vorliegenden
Schrift der Absicht unserer Sammlung entsprechend, einen möglichst scharf umrissenen Überblick über den augenblicklichen
Stand eines Arbeitsfeldes zu geben, die technischen Beiträge der
Herausgeber als Lösungsbeispiele in erster Linie herangezogen
sind, so mag das in dem erwähnten Übergewicht der ökonomischen Seite der Frage seine Erklärung und in dem Umstande,
daß jene Beiträge die jüngsten und weitgehendsten Versuche
auf dem Arbeitsgebiete darstellen, seine Entschuldigung finden.

Neben den erwähnten, in der Fachliteratur bereits bekannt
gewordenen Arbeiten finden sich in den folgenden Blättern noch
eine Reihe von bisher unveröffentlichten technischen Neuerungen.
Die ebenfalls neue Untersuchung der Frage, inwieweit die gemeinsame Benutzung ein und derselben Anschlußleitung durch
mehrere Teilnehmer, die Ausbildung des Prinzips der direkten
Verbindungen in Ortsnetzen und die Anwendung automatischer
Vermittlungsämter eine rationellere Tarifbildung einerseits und
eine erhöhte Rentabilität öffentlicher Fernsprechnetze andererseits
ermöglichen, führt zu Ergebnissen, welche deutlich erkennen
lassen, welch reiche Möglichkeiten der Entwicklung selbst hinsichtlich der Grundzüge der Anlage und des Betriebs für das
gesamte öffentliche Fernsprechwesen noch gegeben sind und
welche Fülle von Aufgaben der Technik und der Organisation
noch harrt.

Der Verfasser.

Inhaltsverzeichnis.

Namens- und Sachregister.

Einleitung.

Der einfachste Fall für den Betrieb von telegraphischen oder telephonischen Verbindungen ist der, daß an den beiden Endpunkten der Leitung ein Apparat zum Austausche der Mitteilungen angeschlossen ist. Dieser Fall bildet jedoch für Telegraphenleitungen schon seit langem die Ausnahme, für Telephonleitungen ist er im Begriffe zur Ausnahme zu werden.

Die Natur der Dinge zwingt dazu in eine Leitung außer den Endapparaten eine mehr oder minder große Anzahl von Zwischenstellen einzuschalten.

Der Typus einer Anlage dieser Art ist die Morse-Omnibus-Leitung (Fig. 1).

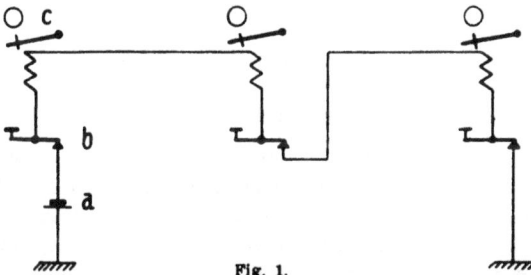

Fig. 1.

Von der Batterie a der Station 1 geht ein Dauerstrom über den Elektromagneten des Schreibwerks c und die Taste b dieser Station zu Elektromagnet und Taste der Station 2, zu Elektromagnet und Taste der Station 3 usf., in der Endstation zur Erde. Wird in einer der eingeschalteten Stationen auf die Taste gedrückt und damit der Strom in der Leitung unterbrochen, so fallen die Anker sämtlicher Elektromagnete ab und erzeugen je nach der Dauer der Stromunterbrechung an sämtlichen Stationen die von der gebenden gewünschten Zeichen. Für den Anruf und die Unterscheidung der einzelnen Stationen ist kein anderes Mittel als die durch eine bestimmte Folge von Stromunterbrechungen bewirkte Bewegung des Elektromagnetankers vorhanden. Jede Stromunterbrechung und damit jeder Anruf wird in jeder der in die gemeinsame Leitung eingeschalteten Stationen wahrgenommen. Die Aufmerksamkeit der gerufenen Station zu erregen, dient das von der Ankerbewegung verursachte Geräusch. Da kein Mittel vorhanden, die zum Anruf dienenden Ankerbewegungen und die zur Übermittlung der Schrift dienenden zu unterscheiden, so kann jenes Anrufgeräusch nur verhältnismäßig schwach gewählt werden. Damit kein Anruf überhört bzw. mißverstanden wird, ist es daher nötig, daß sich die Beamten der einzelnen Stationen in der Nähe der Apparate aufhalten. Diese Notwendigkeit widerspricht aber dem Sinn der Zusammenfassung einer größeren Anzahl von Stationen in eine Leitung, welche Zusammenfassung ihre größte Bedeutung dadurch erhält, daß möglichst viele Stationen, deren jede einen möglichst kleinen Verkehr hat, vereinigt werden. Es ist daher wichtig, für den Anruf und für die Übermittlung der Schrift verschiedene Wirkungen des Elektromagnetankers zu benutzen und ein Mittel anzuwenden, welches gestattet, den Anruf nur an die gewollte Station, nicht aber an die übrigen Stationen derselben Leitung gelangen zu lassen.

I. Der wahlweise Anruf in Ruhestrom-Morseleitungen.

Für die Unterscheidung zwischen Anruf- und Schriftzeichen bieten sich bei der gewöhnlichen Form des Ruhestrombetriebs von Morseleitungen nur zwei Mittel: Entweder man macht die zum Anruf dienenden Stromunterbrechungen länger oder kürzer als die zur Erzeugung der Schriftzeichen dienenden. Für die Unterscheidung der einzelnen Anrufzeichen sind ebenfalls nur zwei Mittel verfügbar, entweder man unterscheidet die einzelnen Anrufzeichen durch die Dauer je einer Stromunterbrechung oder durch die Zahl der in der Zeiteinheit in bestimmten Abständen sich folgenden Stromunterbrechungen.

Erfordert beispielsweise die Erzeugung eines Strichs der Morseschrift eine Stromunterbrechung von der Dauer einer Drittelsekunde, so könnte Station 1 durch eine Stromunterbrechung von einer Sekunde, Station 2 durch eine solche von zwei

Sekunden, Station 3 durch eine solche von drei Sekunden aufgerufen werden. Es ist jedoch klar, daß dabei noch ein Mittel
vorgesehen sein muß, welches verhindert, daß bei einer Stromunterbrechung von drei Sekunden, welche ja die von ein und zwei
Sekunden einschließt, nicht auch die Stationen, für welche diese
kürzeren Stromunterbrechungen bestimmt sind, angerufen werden.

Oder: Es erfordert die Erzeugung eines Punkts der Morseschrift eine Stromunterbrechung von ein Zehntel Sekunde, so
könnten die einzelnen Stationen wahlweise angerufen werden,
indem z. B. zum Anruf der Station 1 fünfzehn, der Station 2
zwanzig, der Station 3 fünfundzwanzig usf. Stromunterbrechungen pro Sekunde in der Leitung hervorgebracht würden. Auch
hierbei wäre noch vorzusorgen, daß bei der größeren Anzahl
von Stromunterbrechungen nicht die Stationen mit einer ge-
ringeren ebenfalls aufgerufen werden.

Beide Methoden sind zum wahlweisen Anruf in Ruhestrom-
Morseleitungen versucht worden.

Die in Fig. 1 dargestellte Schaltung entspricht nicht der
in der Praxis vorwiegend verwendeten. Letztere bedient sich
vielmehr in jeder Station eines Relais, dessen Anker erst durch
Schließen und Öffnen eines Ortsstroms die Bewegungen des
Ankers eines Schreibwerkselektromagneten hervorbringt.

Der Stromkreis des letzteren enthält auch die den wahlweisen Anruf bewirkenden Organe.

Als Beispiel der ersterwähnten Anrufart sei kurz die
ältere Wittwer-Wetzersche Anordnung erwähnt.

Fig. 2 gibt den Strom-
lauf einer Station. Der in
der Leitung fließende Ruhestrom geht über die Taste a
und das Relais b. Durch
Stromunterbrechung fällt
der Relaisanker ab und
schließt den Strom der
Ortsbatterie c über das
Schreibwerk e und einen
zweiten Elektromagneten d,
durch dessen Ankerbewe-

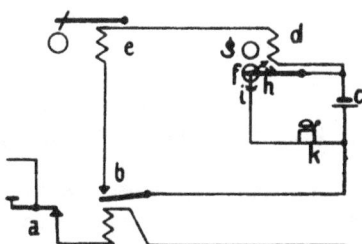

Fig. 2.

gungen der wahlweise Anruf der betreffenden Station erfolgt. Der
Vorgang ist folgender: Wird der Linienstrom unterbrochen, so wird
der Ortsstrom geschlossen und der Anker des Elektromagneten d
angezogen. Mit letzterem ist ein Rädchen f verbunden, welches

1*

durch die Anziehung des Ankers der Elektromagneten e mit einem zweiten, durch ein Uhrwerk in ständiger Umdrehung erhaltenen Rädchen g in Eingriff gebracht und durch letzteres nun ebenfalls gedreht wird, solange der Anker der Elektromagneten d angezogen bleibt. Die Achse des Rädchens f trägt einen Zeiger, welcher vor einem Zifferblatt sich bewegend die Bewegung des Rädchens auch in den entfernten Stationen erkennen läßt, da die Uhrwerke die Rädchen g mit gleicher Geschwindigkeit drehen. An der Achse des Rädchens f ist ferner ein radiales Metallstück h angebracht, das an seinem freien Ende eine rechtwinklig aufgesetzte Nase trägt. Dies Metallstück h bildet in jeder Station einen anderen Winkel mit der Senkrechten und damit das Mittel durch verschieden lang andauernde Stromunterbrechung die eine oder andere Station wahlweise anzurufen. Beträgt dieser Winkel z. B. 36°, so wird das Metallstückchen h in die senkrechte Stellung gebracht sein, wenn Rädchen g und damit Rädchen f eine Zehntelumdrehung vollzogen haben, der Zeiger auf Teilstrich 1 der zehnteiligen Skala seines Zifferblatts angelangt ist. Wird in diesem Augenblick der Ortsstrom wieder unterbrochen, so fällt Metallstück h mit seiner Nase auf einen senkrecht darunter angebrachten Kontakt i und schließt damit den Strom der Ortsbatterie über das Klingelwerk k und erzeugt damit das erwünschte, beliebig laut ertönende Anrufsignal. Letzteres erscheint nur in Station 1, da das Metallstück h in Station 2 unter einem Winkel von 72° auf der Achse sitzt und noch nicht in die senkrechte Stellung gekommen ist, daher beim Abfallen des Ankers des Elektromagneten d nicht auf das senkrecht darunter befindliche Kontaktstück i aufliegen kann.

Umgekehrt hat bei Anruf der Station 2 das Metallstück h in Station 1 die vertikale Stellung schon um 36° überschritten und kann daher beim Abfallen des Ankers des Elektromagneten e ebenfalls nicht auf das Kontaktstück i treffen.

Eine weitere prinzipielle Bedingung ist zu erfüllen: Die Rädchen f und damit Zeiger und Metallstücke h müssen nach jeder Trennung von Rädchen g selbsttätig in die Nullstellung zurückkehren, den Fall ausgenommen, daß sie einen Anruf zu bewirken haben.

Ein System des wahlweisen Anrufs, welches zur Auslese Stromunterbrechungen von längerer Dauer, als sie für die Erzeugung der Morseschriftzeichen verwendet wird, benutzt, enthält demnach folgende unerläßliche Elemente:

Ein Meßinstrument, welches der rufenden Station ermöglicht, die Dauer der von ihr hervorgebrachten Stromunterbrechungen den für die einzelnen Stationen vorgesehenen Werten anzupassen.

Eine Vorrichtung, welche bei jeder Stromunterbrechung mit jener Meßvorrichtung in Verbindung tritt und je nach der Dauer der Stromunterbrechung den Anruf bewirkt.

Selbsttätige Rückführung dieser Vorrichtung für alle Werte der Dauer der Stromunterbrechung, welche nicht dem zu erzeugenden Anruf entsprechen.

Die in der Natur eines Systems derart liegenden Schwächen liegen auf der Hand.

Die zur Erzeugung der Schriftzeichen verwendeten Stromunterbrechungen dürfen nie die Dauer der zum Anrufe dienenden erreichen, da sonst unbeabsichtigte Anrufe entstehen. Da einer nehmenden Station im Bedarfsfalle kein anderes Mittel, die gebende zu unterbrechen als eine mehr oder minder lange Stromunterbrechung zur Verfügung steht, so ist diese Bedingung im praktischen Betriebe nur in beschränktem Maße zu erfüllen.

Der gesamte Mechanismus, welcher den wahlweisen Anruf schließlich zu besorgen hat, der Elektromagnetanker mit Eingriffsrädchen, Zeiger, Kontaktstück, Rückführungsvorrichtung usw. gerät bei der kürzesten Stromunterbrechung in Bewegung, ist daher bei Herstellung sämtlicher Schriftzeichen ständig in Tätigkeit. Die nutzlose Beanspruchung dieses ganzen Komplexes steht daher in keinem Verhältnis zu der vergleichsweise überaus kurzen Betätigung, die zur Erfüllung des Zwecks des wahlweisen Anrufes erforderlich ist. Eine erhebliche, durch die Erfüllung dieses Zwecks nicht bedingte Abnutzung zahlreicher Apparatteile ist die Folge dieses Umstandes.

Die verhältnismäßig große Anzahl zusammenwirkender Teile macht jedes auf diesem Grundgedanken aufgebaute System des wahlweisen Anrufs naturgemäß kostspielig und Betriebsstörungen unterworfen.

Wesentlich einfacher gestaltet sich die Aufgabe bei Verwendung des Prinzipes, die einzelnen Anrufzeichen durch die Zahl der in der Zeiteinheit in regelmäßiger Folge hervorgebrachten Stromunterbrechungen zu unterscheiden. Ein älteres von H. Wetzer herrührendes System dieser Art beruht auf der Anwendung von Pendeln von verschiedener Schwingungsdauer.

Jede der in einer Leitung eingeschalteten Stationen enthält ein Pendel von bestimmter Schwingungsdauer, welche von

jener der Pendel aller übrigen Stationen verschieden ist. Durch
Stromunterbrechungen, welche in der Schwingungsdauer des betreffenden Pendels entsprechenden Zeitabständen erfolgen, gerät
dieses Pendel in immer weiter ausholende Schwingungen, bis der
Ausschlag hinreicht, einen Kontakt zu schließen, der ein Läutwerk
vermittelst des Stromes einer Ortsbatterie in Tätigkeit setzt.

Die Pendel in den übrigen Stationen, deren Schwingungsdauer nicht mit der Zeitfolge der Stromunterbrechungen übereinstimmt, bleiben in Ruhe, zum wenigsten reicht ihre Bewegung
nicht hin, um die zum Anruf erforderliche Wirkung zu erzielen.

Ein System dieser Art ist genötigt, Pendellängen und damit
Abstände der einzelnen Stromstöße zu verwenden, welche jenen
bei der Erzeugung der Schriftzeichen vorkommenden, sehr benachbart sind. Die Folge davon ist, daß unbeabsichtigte Anrufe durch die gewöhnliche Benutzung der Leitung zum Tele-
graphieren leicht hervorgerufen werden.

Einen Schritt weiter auf dem Wege der Verwertung des
Prinzipes der Resonanz geht eine von dem Verfasser angegebene
Anordnung. Sie unterscheidet sich von den beiden vorer-
wähnten Einrichtungen dadurch, daß das auswählende Organ
und der Wecker zusammenfallen; von der letzterwähnten dadurch, daß Zeitfolgen der einzelnen Stromstöße verwendet sind,
welche die unbeabsichtigte Erzeugung von Anrufen durch die
gewöhnliche Korrespondenz auf der Leitung ausschließen. In

Reihe mit dem Schreibwerkelektro-
magneten a (Fig. 3) oder in Abzweigung zu demselben ist in den
Ortsstromkreis des Relais b ein
Resonanzwecker c eingeschaltet.
Letzterer spricht nur an, wenn die
Anzahl der in der Leitung verur-
sachten Stromunterbrechungen in
der Zeiteinheit einen bestimmten
Wert besitzt. Man sieht, der Anruf-
apparat ist zu einem einfachen Wecker geworden, der nicht
länger ertönt als die entsprechenden Stromunterbrechungen in
der Linie andauern. Hierdurch ist es möglich, im Gegensatz zu
den beiden oben beschriebenen Anordnungen, Anrufsignale in
beliebigen Abständen sich folgen zu lassen und einen zweck-
losen Verbrauch der Ortsbatterie zu vermeiden.

Der wahlweise Anruf nach dieser Anordnung kann entweder
wie bei den beiden besprochenen Einrichtungen von jeder der

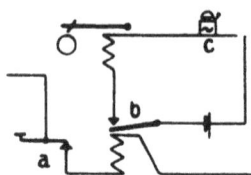

Fig. 3.

in die Leitung eingeschalteten Stationen oder so bewirkt werden, daß die eine oder die andere je nach Bedarf mit der Aufgabe die anderen auf Ansuchen aufzurufen, betraut ist. Jede Station, welche die Möglichkeit andere wahlweise anzurufen haben soll, ist mit einem Apparat ausgerüstet, welcher gestattet, die verschiedenen den einzelnen Resonanzweckern entsprechenden Frequenzen der Stromunterbrechung hervorzubringen. Die ein-

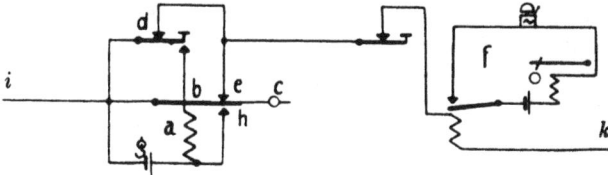

Fig. 4.

fachste Anordnung und Schaltung ist folgende: Fig. 4 ist *a* ein Elektromagnet, dessen Anker *b* an seinem freien Ende ein verschiebbares Gewicht *c* trägt, vermittelst dessen die Eigenschwingungsdauer des Ankers *b* verändert werden kann. *d* ist eine zum wahlweisen Anruf dienende Taste, welche in der Ruhelage einen Nebenschluß für den Linienstrom zu dessen über Anker *b* und Kontakt *e* bestehenden zweiten Stromweg bildet. Der Apparatenkomplex *f* stellt die gewöhnliche Ausrüstung der Station mit einem Resonanzwecker im Ortsstromkreis dar. Die Batterie *g* ist mit der Ortsbatterie in *f* identisch und nur der Übersichtlichkeit wegen wiederholt gezeichnet. *h* ist ein Nebenschlußkontakt, welcher die Windungen des Elektromagneten *a* kurz schließt, sobald Anker *b* mit *h* in Berührung kommt. Die Wirkungsweise ist folgende: Der von dem Leitungsast *i* kommende Ruhestrom durchfließt in Verzweigung den Anker *b* und die Taste *d*, dann Taste und Relais des Apparatenkomplexes *f*, um über Leitungsast *k* zur nächsten Station bzw. Erde zu verlaufen. Man sieht, für die gewöhnliche Benutzung der Leitung zur Übermittlung von Schriftzeichen kommt der an *i* angeschlossene Teil der Schaltung nicht in Tätigkeit. Soll dagegen eine andere der in die gemeinsame Leitung eingeschalteten Stationen aufgerufen werden, so wird Gewicht *c* entsprechend eingestellt und die Taste *d* gedrückt. Durch letztere wird dann der Stromkreis der Batterie *g* über den Elektromagneten *a* geschlossen, der Anker *b* angezogen. Hierdurch wird auch der zweite Weg für den Linienstrom und damit dieser selbst unter-

brochen, da Kontakt *e* sich öffnet. Indem nun Anker *b* mit
dem Kontaktstück *h* in Berührung kommt, wird Elektromagnet *a*
kurz geschlossen, Anker *b* kehrt zurück und schließt den Kontakt *e* und damit den Linienstrom. Anker *b* wird infolge der
Aufhebung des Kurzschlusses des Elektromagneten *a* neuerdings
angezogen: der Linienstrom wird in einer der Eigenschwingung
des Ankers *b* entsprechenden Frequenz unterbrochen und wieder-
hergestellt, wodurch der auf diese Frequenz abgestimmte Resonanzwecker der gewünschten Station in Tätigkeit kommt,
während die Resonanzwecker der übrigen Stationen in Ruhe
bleiben.

Die im vorstehenden beschriebenen Anordnungen beruhen
auf der Voraussetzung, daß der wahlweise Anruf in Ruhestrom-
Morseleitungen ohne Änderung in der üblichen Stromstärke und
Stromrichtung erreicht werde. Läßt man diese Beschränkung
fallen, so können durch die Anwendung verschiedener Stromstärken und verschiedener Stromrichtung und die gleichzeitige
Verwendung dieser Mittel mannigfache neue Lösungen der Aufgabe gefunden werden, welche sich jedoch naturgemäß von der
erwünschten Einfachheit und Anpassungsfähigkeit an die vorhandenen Einrichtungen mehr oder minder aussichtslos entfernen.

Die prinzipiell einfachste Anordnung dieser Art gibt die
Kombination der gewöhnlichen Stromstärke mit der Ausnutzung
der beiden Stromrichtungen. In jeder Station ist ein polarisierter
Elektromagnet in die Leitung geschaltet, welcher von der in der
Leitung bestehenden Stromrichtung, wie sie zur Übermittlung
der Schriftzeichen dient, nicht betätigt wird. Durch Umkehrung
der Stromrichtung in der Leitung wird dagegen der Elektromagnetanker bewegt und die Bewegungen desselben können
beispielsweise je nach der Anzahl der Stromentsendungen dieser
Richtung ein Schaltrad mehr oder minder weit drehen, dann
nach Rückkehr der gewöhnlichen Stromrichtung einen Kontakt
in jener Station schließen, für welche sich das Schaltrad genügend gedreht hat. Es interessiert nicht, diesen Weg weiter zu
verfolgen, da die Zwischenstationen einer Ruhestrom-Morse-
leitung kein Mittel haben, die Stromrichtung umzukehren,
der wahlweise Anruf daher immer durch eine der Endstationen
zu bewirken wäre, anderseits die Anwendung von Schaltwerken
für den Zweck des wahlweisen Anrufs heute kaum mehr in Betracht kommt.

Die nächst einfachste Lösung ergibt die Anwendung verschiedener Stromstärken. In jeder Station wäre ein Apparat in

die Leitung zu schalten, welcher nur auf eine bestimmte, von der gewöhnlichen Betriebsstärke zur Schriftzeichenübermittlung verschiedenen Stromstärke anpricht. Da einerseits auch hier der wahlweise Anruf nur von einer der Endstationen bewirkt werden könnte, anderseits bei dem meist hohen Widerstande längerer Leitungen der Art eine genügende Anzahl von Stromstufen schwer zu beschaffen ist, möge es bei der Erwähnung des Prinzips bleiben.

Eine Verdopplung der mit einer gegebenen Anzahl von Stromstufen wahlweise aufzurufenden Stationen derselben Leitung ergibt die Kombination verschiedener Stromstärken mit den beiden verfügbaren Stromrichtungen. Aus den für die vorherige Anordnung geltenden Gründen sei auch auf diese Kombination nicht näher eingegangen.

Endlich läßt sich zur Erzielung des wahlweisen Anrufs noch eine Verbindung verschiedener Stromstärken, der beiden Stromrichtungen und verschiedener Frequenzen anwenden. Von den überaus zahlreichen Möglichkeiten dieser Art sei eine von dem Verfasser entworfene, wie die in Fig. 5 dargestellte, sich möglichst an die wirklichen Betriebsverhältnisse anschließende Schaltung erwähnt.

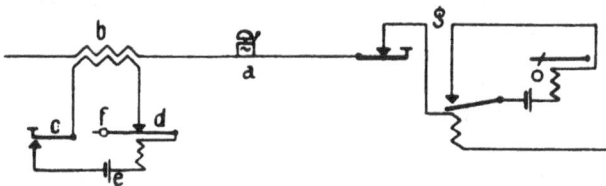

Fig. 5.

Direkt in die Leitung ist in jeder Station ein Resonanzwecker a und die eine Windung eines Übertragers b eingeschaltet. Die zweite Windung des Übertragers ist mit einer Taste c, dem Selbstunterbrecher d und der Batterie e verbunden. Die Schwingungsdauer des Selbstunterbrechers kann durch das Gewicht f verändert werden, je nachdem die Schwingungszahl des zu betätigenden Resonanzweckers der einen oder anderen der entfernten Stationen dies erfordert. g ist der gewöhnliche Apparatenkomplex von Taste, Relais, Schreibwerk und Ortsbatterie einer Ruhestrom-Morsestation. Die Wirkungsweise ist folgende: Sobald auf Taste c gedrückt wird, durchfließt der Strom der Batterie e die Windungen des Selbstunterbrechers d und die nicht in die Leitung geschalteten Windungen des Übertragers *b*. Der Selbstunterbrecher gerät in Schwingungen und erzeugt seiner Schwingungszahl entsprechende Stromunterbrechungen und Schließungen. Hierdurch entstehen dieser Zahl entsprechende Schwankungen des die Linienwicklung des Übertragers durchfließenden Betriebsruhestroms. Diese Stromschwankungen wirken auf den Resonanzwecker, welcher auf die Frequenz des Selbstunterbrechers bzw. die betreffende Stellung des Gewichts *f* abgestimmt ist, so, daß derselbe ertönt.

Dies ist wohl die einfachste Form, welche die Lösung der Aufgabe des wahlweisen Anrufs in Morseleitungen mit Ruhestrombetrieb annehmen kann.

II. Der wahlweise Anruf in Arbeitsstromleitungen.

In Arbeitsstrom-Morseleitungen werden meist zu wenig Stationen in die gemeinsame Leitung eingeschaltet, als daß die Erörterung des Falles hier interessieren könnte.

Dagegen findet der Arbeitsstrom in Verbindung mit zahlreichen in dieselbe Leitung eingeschalteten Stationen in Signalleitungen für Feuerwehrzwecke u. dgl. und in Telephonleitungen aller Art ausgedehnte Verwendung. Die zur Verwirklichung des wahlweisen Anrufs für Leitungen dieser Art prinzipiell zur Verfügung stehenden Mittel sind dieselben wie die im vorigen Abschnitt angeführten.

Im Gegensatze zu den Ruhestrom-Morseleitungen sind jedoch die Leitungen dieser Art häufig als Doppelleitungen ausgeführt. Da die Verwendung der Erde als Rückleitung für den Anruf häufig unbedenklich, so bietet dieser Umstand ein Mittel mit einer gegebenen Anzahl von auswählenden Elementen die doppelte Zahl von Stationen, die in die gemeinsame Doppelleitung eingeschaltet sind, gegenüber den Einfachleitungen wahlweise anzurufen.

So können beispielsweise die Anrufapparate der Stationen 1 und 2 einer Doppelleitung in den einen Ast der letzteren, der Stationen 3 und 4 in den anderen Ast unter Anschluß an Erde geschaltet sein und aus einfachen polarisierten Relais mit Weckern bestehen. Dann ist der wahlweise Aufruf von vier Stationen derselben Leitung durch das einfache Mittel der Stromumkehr zu erreichen.

III. Die Apparate.

Die Apparate, welche unter den verschiedenen Stromwirkungen den wahlweisen Anruf hervorbringen, sind Schaltwerke, polarisierte Relais, Stufenrelais und Stufenwecker.

a) Die Schaltwerke.

Die Schaltwerke werden entweder von dem Strom selbst
bewegt oder durch eine fremde aufgespeicherte, aber stets bereite
Kraft, welche durch den Strom nur ausgelöst bzw. wieder ge-
hemmt wird, in Tätigkeit gesetzt. Im ersteren Falle sind entweder kräftige Linienströme oder zarte Mechanismen, in letzterem aufzuziehende Uhrwerke u. dgl. oder ununterbrochen
wirkende Arbeitsquellen wie etwa Anschluß an Elektrizitätswerke
u. ä. erforderlich.

In allen Fällen sind Schaltwerke verhältnismäßig kompli-
zierte, kostspielige, Störungen leicht unterworfene Apparate,
welche Eigenschaften sie bisher von der Lösung der Aufgabe
in der Praxis nahezu völlig ausgeschlossen haben und vermutlich auch für die Zukunft ausschließen werden.

b) Die polarisierten Relais.

Die polarisierten Relais können insofern zum wahlweisen
Anruf verwendet werden, als sie nur auf eine bestimmte Stromrichtung ansprechen. Da nur zwei Stromrichtungen zur Verfügung stehen, kann nur eine verhältnismäßig kleine Zahl von
Apparaten in ein und derselben Linie zusammengefaßt werden.
Erst wenn man die Relais nicht auf gewöhnliche, sondern auf
abgestimmte Wecker wirken läßt und dem die Relais betätigenden Gleichstrom einen Wechselstrom von verschiedener Frequenz
überlagert, wie dies im Prinzip die Anordnung der Fig. 5 gezeigt
hat, ist es möglich, vermittelst dieser Apparate eine größere Anzahl von Stationen in einer Leitung zu vereinigen. Die für den
wahlweisen Anruf dienenden polarisierten Relais unterscheiden
sich hinsichtlich ihrer Konstruktion und Wirkungsweise in nichts
von den gleichen Apparaten für andere Zwecke. Es kann daher
von einer näheren Besprechung hier abgesehen werden.

c) Die Stufenrelais.

Unter Stufenrelais sind Relais zu verstehen, welche nur
auf eine bestimmte Stromstärke oder Stromfrequenz ansprechen.
Das erste Stufenrelais ersterer Art wurde von Dr. L. Cerebotani

angegeben. Das Prinzip dieses Apparats ist folgendes: Ein Elektromagnet ist mit zwei Bewicklungen versehen. Die eine Bewicklung steht mit einer Ortsbatterie in Verbindung, deren Strom den Elektromagneten dauernd in bestimmtem Sinne magnetisiert. Die zweite Wicklung liegt in der Leitung. Wird nun in die Leitung ein Strom von solcher Richtung entsandt, daß dessen magnetisierende Wirkung jener des Stroms der Ortsbatterie entgegenwirkt, dann können drei Fälle eintreten: Entweder ist der Linienstrom so schwach, daß er die Wirkung des Ortsstroms auf den Elektromagnetanker nicht aufheben kann, dann bleibt der Magnetanker in Ruhe. Oder der Linienstrom hebt die Wirkung des Ortsstroms auf, dann geht der Anker aus der Ruhelage in die Arbeitslage über, das Relais spricht an. Oder endlich die Wirkung des Linienstroms übertrifft die des Ortsstroms genügend, um den Anker festzuhalten. Das Relais bleibt in Ruhe.

Es ist somit ein Apparat gegeben, welcher nur auf einen bestimmten Wert des Linienstroms anspricht.

Es ist ohne weiteres klar, daß unter Verwendung der beiden Stromrichtungen mit n Stromstufen $2n$ in die Leitung eingeschalteter Stufenrelais dieser Art wahlweise betätigt werden können, da sich für die Gruppe, welche mit einer Linienstromrichtung, welche mit jener des Ortsstroms der andern Gruppe zusammenfällt, ansprechen, die Wirkungen beider Ströme in dieser anderen Gruppe addieren und kein Relais dieser Gruppe zum Ansprechen gebracht wird.

Da die Sicherheit des Funktionierens solcher Relais wesentlich von der Unveränderlichkeit des Ortsstroms abhängig ist, die Tätigkeit des Ortsstroms aber offenbar nicht ständig, sondern nur auf die Dauer des Anrufs erforderlich ist, empfiehlt es sich, den Ortsstrom erst bei jedesmaligem Anruf durch den Linienstrom zu schließen und nach beendetem Anruf wieder zu öffnen.

Eine diesbezügliche Anordnung wurde vom Verfasser im Jahre 1902 angegeben.

Die Anwendung des Ortsstroms überhaupt entbehrlich macht die Konstruktion eines Stufenrelais mit doppelseitig begrenztem Anspruchgebiet, welche von Dr. L. Rellstab im Jahre 1902 angegeben wurde.

In einer länglichen Drahtspule a (Fig. 6) bewegt sich, frei aufgehängt oder auf einer Spitze ruhend, ein stabförmiger Dauermagnet b, welcher durch eine Feder c parallel zu den

Längswindungen der Drahtspule und in der Ruhelage gehalten
wird. An dem einen Ende des Magnetstabs ist ein Metallstück
befestigt, welches bei der Betätigung des Relais dessen Arbeitskontakt schließt. Das andere Ende
trägt magnetisch isoliert von dem
Stab an einem rechtwinklig angebrachten Ansatz ein Stück weiches
Eisen d, welches den Polen eines
gewöhnlichen Elektromagneten e ge-
genübersteht und sich frei denselben
nähern oder sich von ihnen entfernen kann.

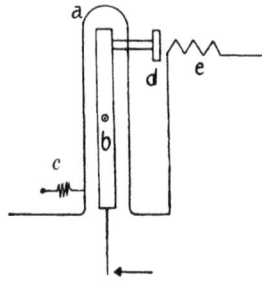

Fig. 6.

Die Drahtspule und die Windungen des Elektromagneten sind
in Reihe oder in Abzweigung in
die Leitung geschaltet. Durchfließt
nun ein Strom die Drahtspule und den Elektromagneten, so
wird eine zweifache Wirkung auf den Stabmagnet ausgeübt. Die
eine sucht entgegen der Kraft der Feder c den Stabmagneten
aus der Spulenebene herauszuführen, die zweite von dem Elektromagneten e auf das weiche Eisenstück d ausgeübte ist be-
strebt, jene Bewegung des Stabmagneten zu verhindern. Die
erstere Wirkung schreitet mit der ersten Potenz, die zweite mit
dem Quadrate der Stromstärke fort.

Sind die Konstanten des Apparats entsprechend gewählt,
so wird bei anwachsendem Strom zunächst die Wirkung, welche
den Stabmagneten abzulenken sucht, jene entgegengesetzte der
Feder und des Elektromagneten überwiegen. Der Stabmagnet
verläßt die Ebene seiner Drahtspule, der Arbeitskontakt wird
geschlossen, das Relais spricht an. Steigt nun die Stromstärke
weiter an, so wächst die von dem Elektromagneten ausgeübte
Wirkung schneller als die von der Spule ausgehende und überwiegt letztere endlich, so daß die gemeinsame Wirkung der
Feder und des Elektromagneten auf das weiche Eisenstück den
Magnetstab in die Ruhelage zurückführt.

Der das Relais betätigende Strom muß daher erstens
eine minimale Stärke aufweisen, welche hinreicht, die Feder-
kraft und die Anfangswirkung des Elektromagneten zu überwinden, zweitens darf die Stromstärke nicht über einen Wert
anwachsen, bei welchem die Wirkung des Elektromagneten
eine Rückführung des Magnetstabs in seine Ruhelage hervorbringt.

Ein anderes Prinzip verwendet ein von V. Baumann anfangs 1903 angegebenes Stufenrelais.

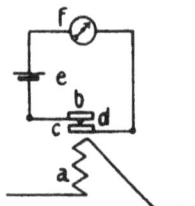

Fig. 7.

Ein Elektromagnet a (Fig. 7) beein-
flußt zwei an je einer Feder befestigte
Anker b und c. Die beiden Anker schlies-
sen einen Kontakt d in sich, welcher in
der Ruhelage der Anker dem Strom einer
Batterie e einen Weg über eine Signalvorrichtung f bietet.

Erreicht der in den Elektromagneten
a entsandte Strom nicht einen bestimmten
Mindestwert, so wird durch den Magnetis-
mus des Elektromagneten die widerstrebende Kraft der Ankerfedern nicht überwunden, die Ankerlage und der zwischen den
Ankern bestehende Kontakt bleiben ungeändert. Steigt die
Stromstärke zu jenem Betrage, bei welchem das Relais ansprechen
soll, so wird Anker c angezogen, während Anker b in Ruhe
bleibt. Der Kontakt wird geöffnet, das gewünschte Zeichen an
Signalvorrichtung f hervorgebracht. Überschreitet die Stromstärke diesen Wert, so wird auch der zweite Anker b angezogen,
der zwischen beiden bestehende Kontakt bleibt bestehen, an
der Signalvorrichtung f entsteht kein Signal.

Stufenrelais, welche nur auf bestimmte Stromfrequenzen
ansprechen, sind für die Zwecke der Mehrfachtelegraphie schon
seit längerer Zeit in Anwendung. Sie können selbstverständlich
auch für die Zwecke des wahlweisen Anrufs benutzt werden.
Die älteste von E. Gray Ende der siebziger Jahre des vorigen
Jahrhunderts zur Mehrfachtelegraphie verwendete Form besteht
aus einer Stimmgabel, welche durch einen Elektromagneten, in
welchem Stromwellen von der Frequenz des Eigentons der
Stimmgabel erzeugt werden, in Schwingungen versetzt wird.
Statt der Stimmgabel können schwingungsfähige Körper aller Art,
wie Federn, Pendel, Membranen, Saiten u. dgl. verwendet werden.

Da es sich empfiehlt, für den wahlweisen Anruf die Erscheinung der Resonanz unmittelbar zur Erzeugung der Anrufs-
signale, wie dies die Resonanzwecker ermöglichen, zu benutzen,
sei von einer näheren Erörterung der Stufenrelais dieses Prinzips an dieser Stelle abgesehen.

d) Die Stufenwecker.

Die Stufenwecker unterscheiden sich von den Stufenrelais
dadurch, daß sie die Wirkung der verschiedenen Stromstufen

unmittelbar zur Erzeugung hörbarer Signale benutzen. Man
unterscheidet Stufenwecker, welche auf verschiedene Stromstärken ansprechen und solche, welche auf der Anwendung verschiedener Stromfrequenzen beruhen. Letztere Art wird zweckmäßig mit Resonanzwecker bezeichnet.

Der erste Stufenwecker erstgenannter Art wurde im Jahre
1902 von dem Verfasser angegeben.

Ein Hufeisenelektromagnet a (Fig. 8) trägt in dem unteren
Teil seiner beiden Schenkel eine Bewicklung b, deren Enden
an die Leitung, in welcher
der Wecker zu arbeiten hat,
angeschlossen sind. Die oberen Teile der beiden Elektro-
magnetschenkel sind mit einer
Bewicklung c versehen, welche
einerseits mit einem durch
den Anker d zu schließenden
und zu öffnenden Kontakt e,
anderseits mit der Ortsbatterie

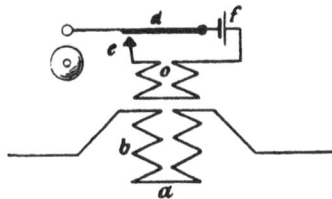

Fig. 8.

f verbunden ist. Der zweite Pol der letzteren steht mit dem
Anker d in ständiger Verbindung. Die Verbindungen der Ortsbatterie sind so getroffen, daß der von dem Ortsstrom bei Schluß
des Kontakts e erzeugte Magnetismus dem durch den Linienstrom in Bewicklung b erzeugten Magnetismus entgegenwirkt.

Der Anker d wird in seiner Ruhelage gehalten bzw. in dieselbe zurückgeführt durch eine Feder, deren Kraft erst überwunden wird, wenn der Linienstrom einen dem betreffenden
Wecker zukommenden Mindestwert erreicht.

Ist dies der Fall, so wird der Anker angezogen und schließt
den Kontakt e und damit den Strom der Ortsbatterie über die
zweite Bewicklung c des Elektromagneten. Der durch diesen
Strom erzeugte Magnetismus vernichtet den vom Linienstrom
vermittelst der Bewicklung b erzeugten, die Feder, an welcher
der Anker befestigt ist, führt letzteren in die Anfangsstellung
zurück.

Damit ist aber der Kontakt e wieder unterbrochen worden,
der Ortsstrom und der von ihm erzeugte Magnetismus verschwinden, der vom Linienstrom erzeugte allein übrig bleibende
Magnetismus zieht den Anker neuerdings an, letzterer schließt
neuerdings den Ortsstromkreis, der vom Linienstrom erzeugte
Magnetismus wird wieder vernichtet, neues Abfallen des Ankers
usf. Der Anker führt die Bewegungen wie bei einem gewöhn-

lichen Rasselwecker aus und erzeugt durch Anschlagen seines
Klöppels an die Glockenschale direkt das gewünschte Anrufzeichen.

Ist dagegen der die Bewicklung *a* durchfließende Strom
stärker als er für den betrachteten Wecker und dessen Konstanten sein sollte, so überwiegt der von dem Linienstrom erzeugte Magnetismus die nach Anziehung des Ankers vom Ortsstrom ausgehende entgegengesetzte Magnetisierung derart, daß
trotz letzterer der Anker festgehalten wird und nicht in die zur
Erzeugung des Anrufes nötige hin- und hergehende Bewegung
geraten kann.

Der Wecker spricht also nur auf die ihm zugehörige Stärke
des Linienstroms an und schweigt bei niedrigerer sowohl als
bei höherer Stromstärke.

Hat der Linienstrom eine solche Richtung, daß er den
Elektromagneten in demselben Sinne magnetisiert wie der Ortsstrom, so ist klar, daß der Wecker für keinen Wert des Linienstroms dieser Richtung ansprechen kann. Denn sobald dieser
Strom stark genug ist, um den Anker anzuziehen, wird durch
letzteren der Ortsstrom geschlossen und ein Magnetismus erzeugt, welcher sich zu jenem vom Linienstrom erzeugten addiert.
Der Anker wird für jeden Stromwert des Linienstroms, welcher
zur Anziehung des Ankers hinreicht, festgehalten.

Hieraus ergibt sich, daß mit Anwendung von *n* verschiedenen Stromstufen immer 2*n* Stufenwecker dieser Art in derselben Leitung betrieben werden können, wie dies für die Stufenrelais gezeigt worden ist.

Im Wesen der Stufenwecker dieser Art liegt es, daß beispielsweise bei Entsendung der höchsten Stromstärke irgendeiner Richtung sämtliche Anker der Wecker mit Ausnahme derjenigen, dessen Wecker auf die gewählte Stromstärke und
Richtung ansprechen soll, angezogen und dann festgehalten
werden. Hierdurch wird an diesen Weckern ein einmaliges Anschlagen der Klöppel an die Glockenschale bewirkt. Wenn auch
dies einmalige Anschlagen nicht mit dem als Anruf geltenden
Rasselgeräusche des ausgewählten Weckers verwechselt werden
kann, so ist es doch häufig wünschenswert, daß diese Wirkung
unterbleibe. Ein Gleichstromstufenwecker, welcher diesen Übelstand zu vermeiden gestattet, wurde von dem Verfasser unter
Benutzung des in Fig. 7 dargestellten Prinzips im Herbst 1903
angegeben. Eine Ausführungsform, die zugleich die beiden
Stromrichtungen zur Verdoppelung der in einer Leitung mit

einer gegebenen Anzahl von Stromstufen einschaltbaren Wecker verwendet, zeigt (Fig. 9).

a ist ein Dauermagnet mit den Polen *N* und *S*. Dieser Dauermagnet besteht aus einem ⎍förmig gebogenen Stahlstab mit rechteckigem Querschnitt. Zu beiden Seiten des neutralen Querschnitts sind zwischen den Schenkeln parallel mit diesen und nach derselben Seite zwei Elektromagnetspulen *b b* mit weichen Eisenkernen aufgesetzt. Über den Polen *N* und *S* sind, um wagrechte Achsen beweglich, die Enden der beiden Anker *c* und *d*

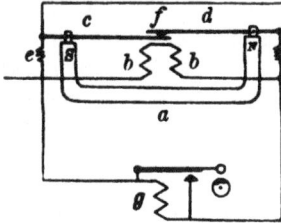

Fig. 9.

aus weichem Eisen derart angebracht, daß die freien Enden den oberen Enden der Elektromagnetkerne gegenüberstehen. An den von letzteren abgewendeten Enden der Anker wirken Spiralfedern *ee*, welche die Anker in ihrer Ruhelage halten bzw. in dieselbe zurückführen. *f* ist der Kontakt zwischen den beiden von demselben Strom beeinflußten Ankern, welcher durch den der Federspannung entsprechenden Stromwert und der dem speziellen Apparat zugehörigen Stromrichtung geöffnet wird und den Weckstrom dem Nebenschlußwecker *g* zuführt und letzteren in Tätigkeit setzt, bei anderen Stromwerten und widersprechender Stromrichtung geschlossen bleibt und den in der Leitung fließenden Strom über den über den Nebenschlußwecker bestehenden Kurzschluß abführt.

Die Wirkungsweise ist einfach:

Ist der Strom für den betrachteten Stufenwecker zu schwach oder von solcher Richtung, daß die polarisierten Anker von dem in den Elektromagnetkernen erzeugten Magnetismus abgestoßen werden, so findet keine Bewegung der Anker statt. Der zwischen den letzteren bestehende Kontakt bildet einen Kurzschluß zu dem Nebenschlußwecker *g*, letzterer bleibt unbeeinflußt.

Hat der Strom die genügende Stärke und entsprechende Richtung, so wird der eine der beiden Anker, dessen Feder weniger gespannt ist, beispielsweise der linksseitige angezogen, während der andere in Ruhe bleibt, da der Strom nicht stark genug ist, die an seinem Lagerende wirkende Kraft der Feder *e* zu überwinden. Der Linienstrom findet den durch Kontakt *f* gebildeten Kurzschluß unterbrochen, geht über den Nebenschlußwecker *g*, letzteren betätigend.

Steigt die Stromstärke weiter an, so wird bei einem bestimmten Betrag derselben auch die Kraft der Feder des rechtsseitigen Ankers überwunden, beide Anker werden zugleich angezogen und lassen so auch für den stärkeren Strom den über Kontakt *f* vorhandenen Kurzschluß zu dem Nebenschlußwecker bestehen und letzteren unbetätigt.

Die außerordentlich sicher und mit verhältnismäßig geringen Abständen der einzelnen Stromwerte arbeitende Konstruktion vermeidet nicht nur den Übelstand, daß die höheren Stromwerte und die widersprechenden Stromrichtungen ungewollte, wenn auch kurze Zeichen, verursachen, sie bietet noch den Vorteil, daß der Zweck des wahlweisen Anrufs ohne die Beihilfe einer Ortsbatterie erreicht wird, was die Sicherheit des Betriebs gegenüber den Anordnungen, welche dieses Hilfsmittels nicht entbehren können, wesentlich erhöht.

So haben Versuche mit dem beschriebenen Modell ergeben, daß sechs Wecker mit drei Stromstufen in eine gemeinsame Leitung geschaltet, je achttausendmal mehrere Sekunden betätigt werden konnten, ohne daß sich die Ansprechgrenzen merkbar verschoben hätten.

Es erübrigt über die beiden eben beschriebenen Gleichstromstufenwecker noch einige Bemerkungen allgemeiner Art hinzuzufügen. Von jedem Wecker wird verlangt, daß das von ihm erzeugte Geräusch eine bestimmte, den Umständen angemessene Stärke erreicht, d. h. daß der Anker mit bestimmter Kraft angezogen und der Klöppel mit bestimmter Kraft an die Glockenschale angeschlagen wird.

Diese Forderung besagt, daß für jeden Wecker die Betriebsstromstärke höher sein muß als die der unteren Ansprechgrenze entsprechende Stromstärke. Diese Betriebsstromstärke kann jedoch — beschränken wir die Betrachtung auf den Stufenwecker mit Gegenspulen und Ortsbatterie — auch nicht mit der oberen Ansprechgrenze zusammenfallen. Denn der von dem wachsenden Linienstrom erzeugte, dem vom Ortsstrom herrührenden entgegengesetzte Magnetismus muß mit dem Werte Null beginnen und unter dem zunehmenden Linienstrom erst bis zu jenem Betrage anwachsen, bei welchem er imstande ist, den Anker anzuziehen und zurückzuhalten.

Es ergibt sich hieraus, daß Stufenwecker dieser Art nicht sowohl auf einen bestimmten Stromwert als nur auf ein bestimmtes Intervall von Stromwerten eingestellt werden können, und daß die Ansprechgrenzen um so weiter auseinanderliegen

müssen, je größere Stromarbeit die betriebsmäßige Anziehung
des Ankers erfordert.

Nach den bisherigen Ausführungsformen dieser Stufenwecker gelingt es ohne Schwierigkeit, mit den Betriebsstromstärken 30, 60, 90 und 120 Milliampere vier bzw. acht Stufenwecker dieser Art in derselben Leitung völlig betriebssicher und
mit ausreichender Schallwirkung zu betreiben.

Auch bei den Stufenweckern der an zweiter Stelle beschriebenen Art ohne Ortsstrom können die Ansprechgrenzen nicht
bis auf einen bestimmten Stromwert zusammengerückt werden.
Doch ist hier das einzuhaltende Intervall lediglich von den
möglichen Unterschieden in den Achsenreibungen der beiden
Anker, dem notwendigen Kontaktdruck zwischen den beiden
Ankern und von den möglichen Veränderungen des Spannungs-
unterschieds der beiden Ankerfedern abhängig. Die an dem
Wecker selbst zu leistende Stromarbeit zur Erzeugung des Wecker-
geräusches ist ohne Einfluß auf die unvermeidliche Entfernung
der Ansprechgrenzen. Der erste und der letzte der erwähnten
Faktoren können durch Sorgfalt der Ausführung und die Wahl
des Materials fast beliebig weit herabgedrückt werden. Die zur
Erhaltung bzw. Wiederherstellung eines möglichst widerstands-
losen Stromwegs zwischen den beiden Ankern erforderliche
Arbeit kann ebenfalls etwa auf folgende (Fig. 10) dargestellte
Weise auf ein Minimum eingeschränkt werden.

Der linksseitige Anker *a*
taucht mit seinem linken Ende *b*
in das Quecksilber des Napfes
c. Die beiden einander zugewendeten Enden der Anker *a*
und *d* tragen ebenfalls nach abwärts gerichtete Metallansätze,
welche, falls beide Anker angezogen sind, gemeinsam in
das Quecksilber des Napfes *e*
tauchen.

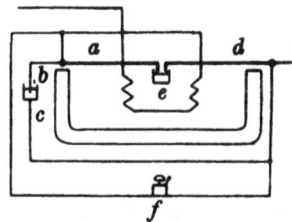

Fig. 10.

Bei ungenügender Stromstärke wird der Kurzschluß zu dem
eigentlichen Wecker *f* durch den Anker *a*, das Metallstück *b*,
Quecksilbernapf *c* und Anker *d* gebildet. Bei der Betriebsstromstärke wird Anker *a* angezogen, während Anker *d* in Ruhe
bleibt. Metallstück *b* wird aus dem Quecksilbernapf *c* gehoben
und unterbricht daher den Kurzschluß zu Wecker *f*. Letzterer
wird durch den Linienstrom in Tätigkeit gesetzt. Überschreitet

die Stromstärke in der Leitung den für den betreffenden Wecker vorgeschriebenen Wert, so werden beide Anker *a* und *d* zugleich angezogen, deren einander zugewendete Enden tauchen in das Quecksilber des gemeinsamen Napfes *e* und zwar bevor das Metallstück *b* das Quecksilber des Napfes *e* verlassen hat. Erst wenn dann Anker *a* seine Bewegung vollendet hat, ist auch Metallstück *b* aus dem Quecksilber des Napfes *c* getreten.

Es ist aus Vorstehendem ersichtlich, daß die Ansprechgrenzen nahezu beliebig einander genähert werden können.

Wollte man aber diese Möglichkeit dazu verwenden, die einzelnen Wecker auch mit möglichst benachbarten Stromwerten zu betreiben, etwa, um mit möglichst kleiner Spannung der Anrufbatterie auszukommen, so fände dies Bestreben in der Unbeständigkeit der elektrischen Konstanten von Leitungen und Stromquelle seine Grenze.

Es ist nicht schwierig, den Zusammenhang zwischen dieser Unbeständigkeit und dem für eine gegebene Stufenweckerkonstruktion möglichen Abstand der Ansprechgrenzen und den normalen Betriebsstromstärken festzustellen. Doch sei hier nur kurz ein Ergebnis der praktischen Anwendung von Stufenweckern mit Ortsstrom der erstbeschriebenen Art erwähnt.

An einem Ende einer Telephonleitung, deren anderes Ende in dem Hauptfernsprechamte Berlin mündete, waren in kurzen Abständen fünf Fernsprechnebenstellen, welche mit Stufenweckern der in Rede stehenden Art ausgerüstet waren, eingeschaltet. Im Amte war an die Leitung eine Tastatur angeschlossen, vermittelst welcher aus einer Akkumulatorenbatterie die Stromwerte $+50$, $+100$, $+150$, -150, -100 Milliampere in der Leitung erzeugt werden konnten. An dem Ende der Leitung, unmittelbar vor der ersten Sprechstelle, wurde ein Nebenschluß angebracht, vermittelst dessen Isolationsfehler in beliebigem Betrage zwischen den beiden Leitungsästen nachgebildet werden konnten.

Es zeigte sich, daß der Widerstand dieses Nebenschlusses bis auf 500 Ω sinken konnte, bevor eine Vermischung der Signale eintrat.

Isolationsfehler von solchem Betrage liegen aber weit entfernt von den in der Praxis zulässigen und vorkommenden Werten. Wo sie auftreten, ist eine Ausbesserung der Anlage unbedingt erforderlich, gleichgültig, welche Mittel des Anrufs und der Gesprächsübertragung verwendet sein mögen.

Spannungs- und Widerstandsschwankungen in den Stromquellen aber, welche Isolationsfehler von der erwähnten Größen-
ordnung gleichkämen, kommen in geordneten Betrieben überhaupt nicht vor.

Widerstandserhöhungen in den Leitungen, an sich eine
nicht sehr häufige Störungsursache, treten meist als völlige
Unterbrechung infolge von Drahtbrüchen auf und müssen ebenfalls unabhängig von den sonst gewählten Betriebsmitteln sofort
beseitigt werden.

In der Tat sind Stufenwecker der erwähnten Art seit
Dezember 1902 im Anschlusse an die Fernsprechämter Glasgow,
Portsmouth und Edinburg, in praktischem Betriebe zum wahlweisen Anruf bis zu fünf in eine Amtsleitung geschalteter Fernsprechstellen und erfüllen ohne Anstand ihre Aufgabe.

Die Verwendung des Wechselstroms zur Betätigung von
Stufenweckern ist eine doppelte:

Der Wechselstrom kann entweder in verschiedenen Stromstärken oder in verschiedenen Frequenzen auf den beweglichen
Teil des Weckers wirken.

Der erste Wechselstromstufenwecker mit
abgestuften Stromstärken wurde von dem Verfasser im Jahre 1902 angegeben und beruht
auf dem Seite 13 (Fig. 6) dargestellten Prinzip
des von Dr. L. Rellstab angegebenen Stufenrelais mit doppelseitig begrenztem Ansprech-
gebiet ohne Ortsstrom.

Fig. 11 zeigt den auf Grund dieses Prinzips konstruierten Wechselstromstufenwecker.
a stellt den Elektromagneten eines gewöhnlichen polarisierten Weckers dar, dessen Anker
b den Klöppel trägt. An dem Klöppel ist in
entsprechendem Abstande von der Klöppel-
kugel ein Stück weiches Eisen c befestigt,
welches dem Pol eines gewöhnlichen Elektromagneten d mit weichem Eisenkern gegen-
übersteht.

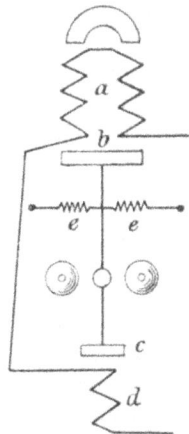

Fig. 11.

Der Elektromagnet d wird in Reihe mit
den Windungen des Elektromagneten a oder in Abzweigung dazu
von dem Weckstrom durchflossen. Die Federn $e\,e$ halten den
Klöppel in seiner Mittelage.

Die Wirkungsweise ist in Erinnerung an jene des Stufenrelais (Fig. 6) leicht verständlich.

Bleibt die Stromstärke unter dem für den betreffenden Wecker vorgesehenen Wert zurück, so reicht die Wirkung nicht hin, die Kraft der Federn *ee* zu überwinden. Der Klöppel bleibt in Ruhe. Erreicht der Strom die vorgesehene Stärke, so überwindet die Anziehung bzw. Abstoßung des Elektromagneten *a* auf den Anker *b* die Kraft der Federn *ee*, der Klöppel wird angeschlagen, da die von dem Elektromagneten *d* auf das Eisenstück *c* ausgeübte Wirkung noch nicht hinreicht, dies zu verhindern.

Überschreitet endlich die Stromstärke den für den Wecker vorgesehenen Wert, so überwiegt die mit dem Quadrat der Stromstärke fortschreitende Wirkung des Elektromagneten *d* auf das weiche Eisenstück *c* die mit der ersten Potenz anwachsende Wirkung des Elektromagneten *a* auf seinen Anker, der Klöppel wird festgehalten.

Die Resonanzwecker können sowohl mit intermittierendem Gleichstrom als auch mit Wechselstrom betrieben werden. Die wesentlichen Bestandteile sind ein Elektromagnet, welcher den Linienstrom zur Wirksamkeit zu bringen hat und ein bewegliches, von dem Elektromagneten beeinflußtes System, welches eine ausgesprochene Eigenschwingung aufweist und durch den Betriebsstrom nicht in erzwungene Schwingungen gebracht wird. Treten die Stromwirkungen auf das bewegliche System in solcher Zeitfolge, welche der Eigenschwingungszahl des letzteren entspricht, auf, so gerät das System in regelmäßige Schwingungen, welche zur unmittelbaren Erzeugung der Weckersignale benutzt werden können, und bleibt in Ruhe, wenn die Stromwirkungen in anderer Zeitfolge das System beeinflussen.

Ein von dem Verfasser im Jahre 1902 angegebener Resonanzwecker hat folgende Anordnung:

Der Anker *a* (Fig. 12) eines polarisierten Hufeisenelektromagneten *b* ist senkrecht zu seiner Längsachse in der Mitte durchbohrt. Die Durchbohrung durchdringt ein Stahldraht *c,* mit welchem der Anker fest verbunden ist. Der Draht *c* ist in den beiden Pfosten *dd* so eingespannt, daß die Ankerenden gleich weit von den Polen des Elektromagneten *b* abstehen. An dem Anker ist senkrecht zu dessen Längsachse und in deren Mitte der Klöppel *e* befestigt. Der Anker, der Stahldraht und der Klöppel bilden das bewegliche System, dessen Eigenschwingungszahl im wesentlichen von der Masse des Ankers und Klöppels, der Torsionskraft des Stahldrahts und dem Abstand des Ankers von den Elektromagnetpolen bestimmt ist. Dabei

ist der Zusammenhang der, daß die Eigenschwingungszahl um
so größer ist, je kleiner die Masse des Ganzen, je kleiner der
Polabstand des Ankers und je größer die
Torsionskraft des Stahldrahts ist.

Die Wirkungsweise ist einfach: Die
erste halbe Stromwelle erteilt dem Anker eine
von Null bis zu einem dem Maximum des
Stromwerts entsprechenden Maximum anwachsende, dann wieder auf Null sinkende
Beschleunigung. Der Anker wird von einem
Pol angezogen, von dem andern abgestoßen.
Er nähert sich dem ersteren bis auf einen
gewissen Betrag, kehrt hierauf um, welche Bewegung dann von der zweiten Stromwellen-
hälfte fortgeführt wird, bis auch deren Wirkung erschöpft ist, worauf neue Umkehr, neue
Wirkung der folgenden ersten Hälfte einer
neuen Stromwelle. Nur aber, wenn der Anker
sich infolge seiner Eigenperiode wieder in dem
Augenblicke dem erstbetrachteten Pole nähert,
in dem die erste Hälfte der neuen Stromwelle
einsetzt, kann ein Zuwachs der Beschleunigung und bei Wiederholung des Vorgangs in
der Eigenperiode des Ankers entsprechenden Zeitfolge schließlich Resonanz und ein
regelmäßiges Schwingen des beweglichen Systems erfolgen.

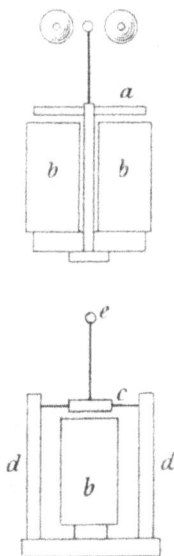

Fig. 12.

Schon bei den ersten Versuchen mit einem nach der
Skizze (Fig. 12) gebauten Resonanzwecker zeigte sich eine außerordentliche Empfindlichkeit des Apparats. Eine Veränderung
um einige Stromwechsel pro Sekunde genügte, um den sicher
und kräftig anschlagenden Wecker zum Schweigen zu bringen.
Im weiteren Verlaufe der Versuche gelang es dann, acht Wecker
der Art, die bei völlig gleichen elektrischen und magnetischen
Verhältnissen und völlig gleichmäßiger mechanischer Ausführung sich nur durch die Drahtstärken und die Abstände der
Anker von den Polen unterschieden, in einer gemeinsamen
Leitung wahlweise zu betätigen, wobei die angewandten Wechselzahlen zwischen 12 und 60 Wechsel pro Sekunde betrugen. Das
Intervall von Wecker zu Wecker betrug daher nicht mehr als
8 Wechsel in der Sekunde. Es zeigt dies Resultat, mit welch
erstaunlicher Sicherheit ein nach diesem Prinzip gebauter Resonanzwecker ihm fremde Stromfolgen ablehnt.

Eine Bedingung haben, wie erwähnt, Wecker dieser Bauart noch zu erfüllen. Die Torsionskraft muß zu der Stärke des Betriebsstroms in gewissem Verhältnis stehen. Sie darf nicht schon durch die erste Stromwirkung soweit überwunden werden, daß der Anker bis zum Anschlagen des Klöppels angezogen wird. Dies darf vielmehr erst infolge der Resonanz zwischen den Stromwirkungen und den Eigenschwingungen des beweglichen Systems nach Ablauf einer mehr oder minder großen Anzahl von Stromstößen eintreten. Die Bedingung ist zu erfüllen, damit der betreffende Wecker nur auf Stromfolgen. welche seiner eigenen Schwingungsdauer entsprechen, antwortet.

Die Anordnung des eben beschriebenen Stufenweckers gibt ferner ein einfaches Mittel an die Hand, in dem Stromkreis der gemeinsamen Leitung die jedem in die Leitung geschalteten Wecker entsprechende Folge von Stromstößen zu erzeugen.

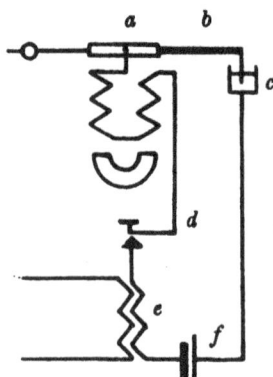

Fig. 13.

Die Fig. 13 stellt die hierfür dienende Anordnung dar. Der Anker a des Stufenweckers steht mit dem einen Ende seiner Elektromagnetbewicklung in Verbindung. Der Anker trägt ein Metallstück b, das mit seinem freien, nach abwärts gebogenen Ende in den Quecksilbernapf c eintaucht. Letzterer steht mit der Taste d, der primären Wicklung der Induktionsrolle e, der Batterie f und dem zweiten Ende der Elektromagnetbewicklung in Reihe in Verbindung. Die sekundäre Wicklung der Induktionsrolle e liegt in der gemeinsamen Leitung. Wird durch Taste d der Strom in geeigneter Richtung geschlossen, so wird Anker a so gedreht, daß das Ende des Metallstücks b das Quecksilber des Napfes c verläßt und so den Strom unterbricht. Der Anker a kehrt unter der Torsionskraft des Stahldrahts zurück und taucht das freie Ende des Metallstücks b wieder in das Quecksilber, den Strom neuerdings schließend. Die Stromschlüsse und Stromunterbrechungen folgen nun der Eigenperiode des Ankers entsprechend und erzeugen vermittelst der Induktionsrolle e einen Wechselstrom von entsprechender Periodenzahl. Bringt man an dem Elektromagnetwecker etwa in der Verlängerung des Metallstückes b ein verstellbares Gewicht an, so

kann man mit einem und demselben derart angeordneten Strom-
unterbrecher, durch Verstellung dieses Gewichts auch verschiedene Frequenzen des Wechselstroms erzeugen und ein und
denselben Apparat zur Betätigung mehrerer in dieselbe Leitung
geschalteter Stufenwecker dieser Art benutzen.

Stufenwecker der geschilderten Art haben gegenüber den
mit Intensitätsstufen arbeitenden Weckern eine Reihe in die
Augen fallender Vorteile. Sie sind von dem Isolationszustand
der Leitung in noch geringerem Maße abhängig, wie die Wecker
letzterer Art und verhalten sich in dieser Beziehung gleichartig
wie die allgemein in der Fernsprechtechnik üblichen Wechselstromwecker. Sie übertreffen letztere — insbesondere in der
Form mit unpolarisierten Ankern — noch an Einfachheit des
Aufbaues und Sicherheit des Betriebs, indem sie keine empfind-
liche Lagerung des Ankers und in letztgenannter Ausführung
auch keine Dauermagneten erfordern.

Gegenüber den Intensitätsstufenweckern bieten sie ferner
noch den Vorteil, daß sie keinen Kontakt enthalten, von dessen
Wirksamkeit das Arbeiten der Wecker und der ganzen Leitung
abhängig wäre. Wird für den wahlweisen Anruf der einzelnen
Wecker die in Fig. 5 dargestellte Schaltung angewendet, so bedingt derselbe und die zugehörigen Wecker überhaupt keinen
Kontakt in der Leitung selbst, dessen Zustand für den Betrieb
in letzterer von Einfluß sein könnte. Das Gleiche gilt selbstverständlich, wenn das eine Ende der gemeinsamen Leitung
eine Telephonzentrale bildet, in welcher der wahlweise Anruf
statt durch eine Batterie der Schaltung (Fig. 5) durch eine
Wechselstrommaschine bewirkt wird.

IV. Die Benützung einer gemeinsamen Leitung durch mehrere Fernsprechstellen.

Die einfachste, häufig angewandte Form der Benutzung
einer gemeinsamen Leitung durch mehrere Fernsprechstellen ist
folgende: Die einzelnen Fernsprechstellen sind in Reihe oder
in Abzweigung in die Leitung geschaltet, so daß im Ruhezustande
der Leitung an jeder Sprechstelle ein Wecker, bei Benutzung
der Leitung in den die Leitung benutzenden Sprechstellen an
Stelle der Wecker Telephon und gegebenenfalls Induktionsrolle
angeschlossen sind. Diese Anordnung bringt es mit sich, daß

die von einer Stelle ausgesandten Weckersignale in sämtlichen
übrigen Sprechstellen erscheinen, und daß jede Sprechstelle in
der Lage ist, das zwischen zwei anderen Stellen geführte Gespräch
zu belauschen bzw. zu stören, sei es durch Dreinsprechen, sei
es durch Entsendung von Weckersignalen. Letztere Störungen
können völlig unbeabsichtigt entstehen, da keine der eingeschalteten Sprechstellen ein Mittel hat, zu erkennen, daß die gemeinsame Leitung anderweitig bereits benutzt wird. Es ist klar, daß
diese Mängel den Betrieb um so unbefriedigender gestalten
müssen, je zahlreicher die in die gemeinsame Leitung eingeschalteten Stellen sind, je lebhafter ihr Verkehr und je größer
das Interesse der Geheimhaltung der Gespräche ist. Diese
Benutzungsart einer gemeinsamen Leitung kann daher nur unter
den einfachsten Verhältnissen genügen.

In allen anderen Fällen hängt die Möglichkeit gemeinsamer
Leitungsbenutzung von der Beseitigung der erwähnten Übelstände ab.

Die Fernsprechleitungen zerfallen wesentlich in zwei Gruppen. Sie endigen entweder beiderseits mit Sprechstellen, oder
sie sind mit dem einen Ende an eine Vermittlungsstelle angeschlossen, welche dies Ende je nach Bedarf mit anderen an
derselben Vermittlungsstelle endigende Leitungen verbinden kann.

Die erstgenannte Gruppe umfaßt verhältnismäßig wenige
Formen und Ausführungen und hauptsächlich solche Fälle, in
welchen die in die gemeinsame Leitung eingeschalteten Sprechstellen einem einzigen Betriebe dienen, wie dies beispielsweise
bei Eisenbahnleitungen, Feuermeldeanlagen und ähnlichen Einrichtungen der Fall ist.

Die zweite Gruppe findet sich in ausgedehnter Anwendung
in den öffentlichen Fernsprechnetzen. Auch in dieser Gruppe
bildet die Zugehörigkeit der in dieselbe Leitung eingeschalteten
Sprechstellen zu ein und demselben Betriebe einen erheblichen
Bruchteil der sämtlichen Fälle. Doch verschiebt sich in rascher
Entwicklung das Verhältnis zugunsten der Anschlüsse, in welchen
die gemeinsame zum Vermittlungsamte führende Leitung von
verschiedenen Interessenten benutzt wird. Die Ursache für diese
Verschiebung bildete die durch die Gebührenordnung für die
Benutzung öffentlicher Fernsprechnetze in Deutschland im Jahre
1900 getroffene Einrichtung, daß die zum Anschluß einer Haupt-
fernsprechstelle an das Vermittlungsamt dienende Leitung noch
von fünf Nebenstellen, deren Inhaber von dem der Hauptstelle
verschieden sein können, benutzt werden kann.

Die technische Gestalt, welche der Einrichtung der Nebenstellen zunächst gegeben wurde, ist folgende:

Die gemeinsame Leitung endigt an der Teilnehmerseite an
dem vorgenannten Hauptanschluß. Letzterer enthält einen
Sprechapparat und einen Klappenschrank. An letzteren sind
die Leitung zum Amt und die Leitungen zu den Nebenstellen
strahlenförmig angeschlossen. Die Hauptstelle bildet ein kleines
Vermittlungsamt, durch dessen Mitwirkung die einzelnen Nebenstellen mit dem Fernsprechamt und unter sich verkehren können.
Keine der Nebenstellen kann unmittelbar mit dem Amte verkehren.

Der Betrieb wickelt sich folgendermaßen ab: Die Hauptstelle ruft das Amt, und wird von dem Amt in gewöhnlicher
Weise gerufen. Dieser Teil des Verkehrs unterscheidet sich in
nichts von dem einer gewöhnlichen Sprechstelle. Wünscht eine
Nebenstelle mit einer anderen Nebenstelle ihrer Gruppe zu verkehren, so ruft sie an, die Klappe der rufenden Nebenstelle am
Klappenschrank der Hauptstelle fällt und zeigt dem Inhaber der
letzteren an, daß die betreffende Nebenstelle zu sprechen wünscht.
Der Inhaber der Hauptstelle schaltet seinen Sprechapparat auf
die Leitung der rufenden Nebenstelle und nimmt deren Wunsch
entgegen. Ist die gewünschte zweite Nebenstelle der Gruppe
frei, so stellt der Inhaber der Hauptstelle die Verbindung ohne
weiteres her. Bezieht sich der Wunsch der Nebenstelle auf eine
Verbindung mit dem Amte, so verbindet die Hauptstelle die
Leitung der Nebenstelle mit der gemeinsamen Anschlußleitung
zum Amt, vorausgesetzt, daß letztere frei ist. Nach Beendigung
des Gesprächs hat der Inhaber der Hauptstelle die hergestellten
Verbindungen wieder zu trennen.

Wird anderseits vom Amte her eine Verbindung mit einer
Nebenstelle verlangt, so ruft das Amt die Hauptstelle und teilt
ihr die verlangte Nebenstelle mit, worauf die Hauptstelle die
Verbindung der gemeinsamen Anschlußleitung mit der Nebenstellenleitung bewirkt. Nach beendetem Gespräch wird die Verbindung wieder von der Hauptstelle gelöst.

Es ergibt sich hieraus, daß der gesamte Verkehr der Nebenstellen von der Hauptstelle abhängt, und daß die Mitwirkung
der Hauptstelle für jede Verbindung einer Nebenstelle einen
Zeitaufwand mit sich bringt, welcher bei dem Verkehr des Hauptanschlusses nicht erforderlich ist.

Ferner ist der Inhaber der Hauptstelle stets in der Lage,
irgend eine Verbindung einer Nebenstelle auf die verschiedenste
Weise zu stören.

Es sind dies drei Umstände, von welchen häufig ein ein-
ziger genügt, die Benutzung eines Nebenanschlusses illusorisch
zu machen.

Die Vermittlung des Verkehrs der Nebenstellen durch den
Inhaber der Hauptstelle ist aber eine Leistung von solcher Art,
daß sie nicht gratis erwartet werden kann. In der Tat, in den
allermeisten Fällen, in welchen die Nebenstellen nicht zum Betriebe des Inhabers der Hauptstelle gehören, wird für jene Vermittlung in irgend einer Form eine Vergütung beansprucht und
geleistet, welche den finanziellen Vorteil billigerer Gebühr für
den Benutzer der Nebenstelle häufig nahezu aufhebt.

Dadurch aber, daß durch die Einrichtung der Nebenstellen
mit der geschilderten Anordnung zehntausende kleiner Vermittlungsämter, welche von unverantwortlichen, dem Fernsprech-
betrieb fernstehenden Personen bedient werden, in das öffentliche Fernsprechnetz eingeführt worden, haben sich für sämtliche
Benutzer dieses Netzes, ja sogar im internationalen Fernsprechverkehr vordem unbekannte Schwierigkeiten ergeben, welche mit
der außerordentlich raschen Zunahme der Nebenstellen sich
immer peinlicher fühlbar machen.

Während nämlich alle Bestrebungen, das ungeheuer wert-
volle Material der das ganze Land überspannenden Fernleitungen,
welche den Verkehr von Stadt zu Stadt und Land zu Land
vermitteln, möglichst intensiv auszunutzen, darin gipfeln müssen,
den Ortsverkehr überall und insbesondere an den äußersten
Verästelungen des Netzes so prompt als irgend möglich zu gestalten, Bestrebungen, welche in den neuesten Vervollkomm-
nungen der Fernsprechtechnik, in der Anwendung selbsttätiger
Anruf- und Schlußzeichen, selbsttätiger Ein- und Ausschaltung
der Beamtenapparate zum Ausdruck kommen, wird der Erfolg
dieser Maßregeln durch die völlig unkontrollierbare, verhängnisvolle
Wirkung der kleinen Nebenstellenvermittlungsämter in weitem
Umfange in Frage gestellt.

Es ergibt sich aus Vorstehendem als erste Bedingung eines
befriedigenden Betriebs von Fernsprechnebenstellen die Beseitigung der privaten Vermittlung. Jede an eine gemeinsame
Amtsleitung angeschlossene Sprechstelle muß völlig unabhängig
von den übrigen in dieselbe Leitung geschalteten Sprechstellen
das Amt anrufen und von diesem angerufen werden können.

Zu diesen ersten Forderungen treten noch folgende hinzu:

Der vom Amte an irgend eine Nebenstelle — wir wollen
nun alle in die gemeinsame Leitung geschaltete Stationen so

bezeichnen — gerichtete Anruf darf nur an diese und an keine andere Sprechstelle gelangen. Sobald irgend eine der Stellen in Benutzung genommen wird, muß dies den übrigen Stellen durch ein auf die ganze Dauer der Benutzung sichtbares Zeichen kundgegeben werden und zugleich müssen die übrigen Sprechstellen auf die ganze Dauer der Benutzung der gemeinsamen Leitung durch erstgenannte Stelle verhindert sein, das Gespräch der letzteren zu belauschen oder zu stören. Dies sichtbare Zeichen und die Verriegelung der übrigen Stellen müssen selbsttätig einfach durch Abheben des Telephons in der benutzenden Sprechstelle eintreten und mit Anhängen des Telephons ebenso wieder verschwinden. Der Anruf des Amts und die Abgabe des Schlußzeichens an das Amt sollen selbsttätig durch Ab- und Anhängen des Telephons geschehen, ebenso wie zu allen übrigen Schaltungen, wie Beschaffung des Mikrophonstroms, Anschluß der Induktionsrolle usw. keinerlei andere Handgriffe erforderlich sein dürfen.

Der wahlweise Anruf darf im Amte keinerlei anderen Handgriff als der Anruf gewöhnlicher Sprechstellen erfordert, d. h. nur einen einfachen Druck auf eine Taste nötig machen.

Hinsichtlich des Verkehrs der Nebenstellen unter sich ist zu unterscheiden: Entweder ist dieser Verkehr lebhaft, wie dies der Fall zu sein pflegt, wenn die Nebenstellen ein und demselben Betriebe angehören, oder er ist andernfalls gering oder auch überhaupt nicht vorhanden. Im ersteren Fall wird dieser Verkehr zweckmäßig von dem mit dem Amte völlig getrennt und von der Benutzung der gemeinsamen Leitung zum Amte gänzlich unabhängig gemacht so zwar, daß zwei unter sich verkehrende Nebenstellen nicht verhindern, daß zwei andere gleichzeitig ebenfalls unter sich verkehren, während die fünfte zum Amte verkehren kann.

Dabei soll bei unbenutzter Amtsleitung den unter sich verkehrenden Nebenstellen die Möglichkeit erhalten bleiben, vom Amte während dieses Verkehrs angerufen zu werden.

Ist der Verkehr der Nebenstellen unter sich gering, so kann die Vermittlung unbedenklich dem Amte übertragen werden. Wo dies nicht angängig, erhalten die Nebenstellen Einrichtungen zum gegenseitigen wahlweisen Anruf.

Schließlich kommt zur Beurteilung der Frage, welche technischen Hilfsmittel zur Lösung der Aufgabe herangezogen werden können, noch die gegenseitige räumliche Lage der Nebenstellen in Betracht. In großen Städten mit umfangreichen, von zahl-

reichen verschiedenen Betrieben und Interessenten benutzten
Gebäudekomplexen ist der Fall überwiegend, daß die an eine
gemeinsame Leitung angeschlossenen Sprechstellen auf demselben
Grundstücke oder sonst einander sehr benachbart liegen. Bei
einem großen Bruchteil der Fälle dieser Art ist die Aufgabe
noch dadurch vereinfacht, daß ein Verkehr zwischen den In-
habern der einzelnen Nebenstellen, wie beispielsweise in den
Mietssprechstellen von Mietshäusern, nicht stattfindet.

Der äußerste Fall der anderen Richtung ist der, daß die
Nebenstellen weit auseinanderliegen und ein und demselben
Betriebe angehören, d. h. lebhaften Verkehr unter sich pflegen.
Welche Art der Befriedigung des Verkehrsbedürfnisses zwischen
den Nebenstellen die zweckmäßigste ist, kann nur die Untersuchung des einzelnen Falles lehren, um so mehr als die zur Verfügung stehenden Mittel mancherlei Kombination zulassen.

Endlich ist die ökonomische Seite der Frage zu untersuchen.
Die Betriebsart der Nebenstellen, welche auf der Einrichtung
eines kleinen Vermittlungsamts für fünf Anschlüsse beruht,
verwendet naturgemäß für die Nebenstellen dieselben Sprechapparate wie für irgend welche andere Sprechstellen des Netzes.
Sie bedarf an technischen, lediglich für den speziellen Zweck
dienenden Mitteln nichts als einen kleinen Klappenschrank,
welcher die Einrichtungskosten pro Nebenstelle um ca. 15 M.
erhöht. So außerordentlich geringfügig diese Erhöhung im Hin-
blick auf den zu erreichenden Zweck und die tatsächliche
Mehrung des Erträgnisses der Leitungen erscheint, so bildet sie
doch für jedes, die Mängel der bestehenden Betriebsart noch
so vollkommen beseitigendes Nebenstellensystem eine Richtschnur, von welcher nicht erheblich abgewichen werden kann.

Damit sind im wesentlichen alle Forderungen und Be-
schränkungen, welche die Aufgabe ausmachen, zusammengestellt,
und es handelt sich darum, zu untersuchen, welche technische
Mittel zur Lösung in Betracht kommen können.

Die ökonomische Forderung, die Notwendigkeit, daß das
Amt zum wahlweisen Anruf der einzelnen Nebenstellen keinerlei
andere Handgriffe als für den Anruf gewöhnlicher Sprechstellen
nötig haben darf, die Forderung der Betriebssicherheit, schließen
die Anwendung irgend welcher Schaltwerke, komplizierter Mechanismen und Schaltungen aus.

Hierfür kommt noch ein weiterer Grund aus dem zufälligen
Umstande hinzu, daß die Anzahl der an eine gemeinsame Leitung anzuschließenden Nebenstellen zurzeit auf fünf beschränkt

ist. Wo immer diese Beschränkung wegfiele, würden Einrichtungen, welche im Wesen darauf begründet sind, unbrauchbar werden.

Für den wahlweisen Anruf bleiben demnach nur verschiedene vom Amt durch einfachen Tastendruck in der Leitung hervorzubringende Stromstufen übrig, sei es nun, daß diese Stufen in verschiedenen Werten der Stromstärke oder verschiedenen Frequenzen periodischer Stromwirkungen bestehen oder Kombinationen beider angewendet werden.

Daß vom Amte bis zur ersten in die gemeinsame Leitung eingeschalteten Sprechstelle nur eine Leitung bzw. eine Doppelleitung zur Verfügung steht und keine Vermehrung zulässig ist, bedarf kaum der Erwähnung. Ebensowenig darf der Betrieb eine Verstärkung der üblichen Leitungsquerschnitte erfordern, wenn auch die angewendeten Stromstärken die auf Fernsprechleitungen üblichen mehr oder minder übertreffen können.

Auch für die Fortsetzung der Leitung von der ersten Nebenstelle zu den übrigen kann nur eine einfache bzw. Doppelleitung zugelassen werden und wo damit prinzipiell nicht auszukommen ist, wie beispielsweise bei den mit zentraler Mikrophonbatterie arbeitenden Anlagen, kann höchstens ein weiterer von der ersten bis zur letzten Stelle die Hauptleitung begleitender Draht zugelassen werden.

Insofern jedes Abheben des Telephons in einer Nebenstelle die übrigen verriegeln soll, sind die Nebenstellen bei der erwähnten Beschränkung in der zulässigen Zahl von Leitungen in Reihe in die gemeinsame Leitung zu schalten.

Dann steht aber für die Verriegelung nur ein Mittel zur Verfügung. Es ist das ein die gemeinsame Leitung durchfließender Ruhestrom, welcher in jeder Sprechstelle einen Verriegelungsmechanismus so oft betätigt, als er durch Abheben des Telephons in einer anderen Sprechstelle unterbrochen wird. Die den Ruhestrom erzeugende Stromquelle ist am einfachsten an dem im Amte mündenden Ende der Leitung angeschlossen.

Besteht aber die Leitung, wie dies für die gewöhnliche Betriebsart mit getrennter Mikrophonbatterie möglich ist, aus nur einem Draht oder einer Doppelleitung, so muß die Fortleitung der Sprechströme vermittelst Kondensatoren, welche den vom Amte ausgehenden Gleichstrom zwar unterbrechen, die Sprechströme dagegen ungehindert passieren lassen, geschehen.

Da die Verriegelungselektromagnete dauernd in die Leitung geschaltet bleiben müssen, ist noch ein Mittel vorzusehen, welches

die schädliche Wirkung der Selbstinduktion dieser Apparate auf
die Gesprächsübertragung beseitigt. Der in jeder Sprechstelle
erforderliche Kondensator gibt in einfacher Weise ein solches
Mittel an die Hand.

Eine von Dr. L. Rellstab und dem Verfasser im Sommer
1903 gemeinsam entworfene in Fig. 14 dargestellte Schaltung
verwirklicht die eben entwickelten Forderungen.

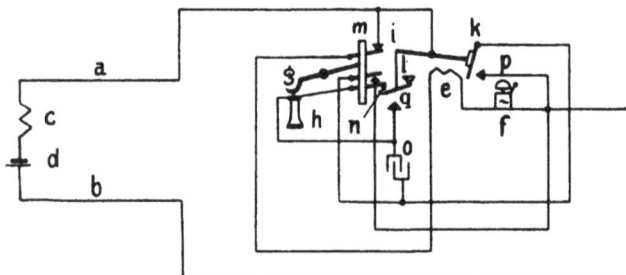

Fig. 14.

ab bezeichnen die beiden Äste der zum Amte führenden
Doppelleitung. Am Amtsende ist die Leitung an den Anrufelektromagneten *c* und die Batterie *d* angeschlossen. Der Strom
der letzteren durchfließt bei unbenutzter Leitung den Anrufelektromagneten *c*, die Leitung und in jeder Sprechstelle den
Verriegelungselektromagneten *e* samt Weckvorrichtung *f*. Sämtliche Verriegelungselektromagnete *e* und Weckvorrichtungen *f*
sind in Reihe in die Leitung geschaltet. Die Weckvorrichtungen
sind Stufenwecker, deren Stufen in verschiedenen Werten der
Stärke eines Gleichstroms oder der Frequenz eines Wechselstroms bestehen.

Der Aufhängehaken *g* des Telephons *h* hat in jeder
Sprechstelle die gleichen, folgenden Aufgaben zu erfüllen. Er
schließt und öffnet in gewöhnlicher Weise den Mikrophonstrom,
welche Funktion der Übersichtlichkeit halber in dem Stromlauf
nicht dargestellt ist. Er schließt in der Ruhelage und öffnet in
der Arbeitsstellung den Kontakt *i*, über welchen der Ruhestrom
aus der Batterie *d* des Amtes zu fließen hat, endlich wirkt er
mit einem von dem Anker *k* des Verriegelungselektromagneten *e*
gesteuerten Gliede *l* in folgender Weise zusammen. Solange
der Verriegelungselektromagnet *e*, vom Strome durchflossen, seinen
Anker *k* angezogen erhält, befindet sich das Glied *l* derart im

Bereiche der vermittelst des Balkens *m* vom Aufhängehaken bewegten Nase *n*, daß letztere das erstere in dem Augenblicke, in welchem sie sich beim Abhängen des Telephons abwärts bewegt, erfaßt und festhält. Indem das Ende des Gliedes *l* erfaßt und festgehalten wird, wird über *l* und *k* eine Verbindung des Telephons *h* mit dem Leitungsast *a* hergestellt und an Stelle von Elektromagnet *e* und Wecker *f* der Kondensator *o* mit dem Telephon *h* in Reihe in Leitungsast *a* eingeschaltet, wodurch ein Gespräch möglich wird, obwohl die durch Abhängen des Telephons erfolgte Öffnung des Kontakts *i* die Leitung unterbrochen hat.

In allen unbenutzten Sprechstellen ist der Anker des Verriegelungselektromagneten infolge dieser Stromunterbrechung abgefallen und mit seinem Gliede *l* so außer Bereich der bezüglichen Nasen *n* gekommen, daß bei Abheben des Telephons in einer dieser Sprechstellen keine dieser Nasen *n* keines der Glieder *l* erfassen, festhalten und zum Anschlusse von Telephon, Induktionsrolle und Kondensator an die gemeinsame Leitung benutzen kann. Keine der übrigen Sprechstellen ist daher imstande, ein von einer anderen eingeleitetes Gespräch zu belauschen.

Der abgefallene Anker des Verriegelungselektromagneten hat aber noch eine andere Aufgabe als das Glied *l* aus dem Bereiche des Aufhängehakens der unbenutzten Sprechstellen zu bringen. Er schließt die Kontakte *p* und *q* und überbrückt den Teil der Strombahn, welcher den Kontakt *i*, den Verriegelungselektromagnet *e* und die Werkvorrichtung *f* enthält, derart, daß in den unbenutzten Sprechstellen der schädliche Einfluß der Selbstinduktionen der Verriegelungselektromagnete und der Werkvorrichtungen aufgehoben und jede Bewegung des Aufhängehakens in einer solchen Sprechstelle für die Gesprächsübertragung unschädlich gemacht wird.

Ferner gibt der abgefallene Anker in jeder Sprechstelle ein sichtbares Zeichen, daß die Leitung benutzt ist.

Der Verkehr auf einer nach vorstehender Schaltung ausgeführten Leitung vollzieht sich folgendermaßen:

Der Anruf des Amtes durch eine der Sprechstellen geschieht, falls er sich durch das von dem angezogenen Anker des Verriegelungsmagneten abhängige Schauzeichen als möglich erweist, einfach durch Abheben des Telephons vom Aufhängehaken. Hierdurch wird der vom Amte kommende Ruhestrom unterbrochen, das von dem Anrufelektromagneten hierdurch bewirkte Anrufzeichen erscheint im Amte, während in der rufenden Neben-

stelle die zum Sprechen erforderlichen Schaltungen, Schließung
des Mikrophonstroms, Anschluß von Telephon, Induktionsrolle
und Kondensator an die gemeinsame Leitung, in den übrigen
Sprechstellen die Verriegelung selbsttätig bewirkt werden. Das
Amt nimmt in gewöhnlicher Weise den Wunsch der rufenden
Sprechstelle entgegen und stellt die verlangte Verbindung her.
Nach Beendigung des Gesprächs hat die rufende Sprechstelle
einfach das Telephon an den Aufhängehaken zu hängen, wodurch die Verriegelung des vom Amte ausgehenden Gleichstroms
wieder beseitigt und das Schlußzeichen im Amte gegeben wird.
Die Trennung der Verbindung im Amte geschieht in gewöhn-
licher Weise.

Der Anruf der einzelnen Nebenstellen durch das Amt geschieht durch einfachen Druck auf eine Taste, welche die Entsendung der der gewünschten Nebenstelle entsprechenden Stromstufe bewirkt.

Der Verkehr der einzelnen Nebenstellen derselben Leitung
unter sich vollzieht sich entweder mit oder ohne Beihilfe des
Amtes.

In beiden Fällen vervollständigt sich die in Fig. 14 dargestellte Schaltung der einzelnen Sprechstellen durch eine
Taste t, welche gestattet, die von dem Aufhängehaken in seiner
Arbeitsstellung hervorgebrachte Unterbrechung des Kontakts i
ohne Bewegung des Aufhängehakens aufzuheben (Fig. 15).

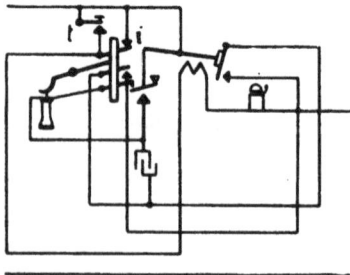

Fig. 15.

Der in der Beschrei-
bung etwas umständlich
erscheinende, in Wirklichkeit sich sehr einfach und
rasch vollziehende Vorgang
ist folgender:

Angenommen die Ne-
benstelle 5 wollte mit der
Nebenstelle 3 derselben
Leitung verkehren. Neben-
stelle 5 hebt das Telephon
ab, teilt dem Amt ihren
Wunsch mit und hängt

das Telephon wieder an. Das Amt ruft Nebenstelle 3. Letztere
antwortet, was sich an dem Schauzeichen der Nebenstelle 5 anzeigt. Das Amt verständigt Nebenstelle 3 von dem Wunsche
der Nebenstelle 5. Hierauf drückt der Benutzer der Nebenstelle 3
auf die Entriegelungstaste t und überbrückt damit die von seinem

Hakenumschalter bewirkte Unterbrechung des Kontakts *i*. Der hierdurch wieder hergestellte Linienstrom zieht die Anker der Verriegelungselektromagnete wieder an, was sich an den Schauzeichen kundgibt.

Sobald der Inhaber der Nebenstelle 5 dies bemerkt, hebt er sein Telephon ab und ist nun ebenso wie der am Apparate in Nebenstelle 3 stehende Benutzer an die gemeinsame Leitung angeschlossen. Die Nebenstelle 5 kann daher ohne weiteres in das Gespräch mit Nebenstelle 3 eintreten. Sobald letztere den Beginn der Unterhaltung wahrnimmt, wird die Entriegelungstaste losgelassen. Ist das Gespräch beendet, so werden von beiden Benutzern die Telephone wieder angehängt, die Unterbrechungsstellen an den beiden Kontakten *i* schließen sich und im Amte erscheint das Schlußzeichen in gewöhnlicher Weise. Im Amte wird verfahren, wie wenn es sich um die Lösung einer gewöhnlichen Verbindung handelte, indem auf das Schlußzeichen der Stöpsel aus der Klinke der Nebenstellenleitung gezogen wird.

Insofern hierdurch der normale Ruhestrom wieder eintritt, wird auch allen bisher unbeteiligt gewesenen Nebenstellen angezeigt, daß die gemeinsame Leitung wieder verfügbar geworden ist.

Soll der Verkehr der Nebenstellen unter sich ohne Mitwirkung des Amtes stattfinden, so kann dieses nur geschehen, wenn den Nebenstellen ein Mittel zum wahlweisen Anruf der übrigen zur Verfügung gestellt wird. Es können hierfür Stromstufen verschiedener Stromstärke nicht in Betracht kommen, da es nicht anginge, an jeder Nebenstelle eine Batterie von der erforderlichen Größe aufzustellen. Es kommt daher nur die Abstufung vermittelst verschiedener Frequenzen in Betracht. Dann kann entweder der Ruhestrom der Leitung oder der in jeder Sprechstelle verfügbare Strom der Mikrophonbatterie für die Zwecke des wahlweisen Aufrufs Verwendung finden.

Für die erstere Anrufart wäre der Einrichtung der Nebenstelle eine Rufvorrichtung nach dem Prinzip der Fig. 4 für den wahlweisen Anruf in Ruhestrommorseleitungen hinzuzufügen. Zur Betätigung des Unterbrechers wäre die Mikrophonbatterie zu verwenden.

Ein Zusatz nach dem Prinzip der Fig. 5, bei welchem ebenfalls der Strom der Mikrophonbatterie zur Erzeugung der erforderlichen Stromschwankungen dient, hätte die Anordnung der Nebenstelle für die Einrichtung, bei welcher der Leitungsstrom nicht für den Zweck des wahlweisen Anrufs unterbrochen wird, zu ergänzen.

Der Betrieb würde sich folgendermaßen gestalten:

Wünscht der Inhaber der Nebenstelle 5 mit Nebenstelle 3 zu verkehren, so stellt er das Gewicht seines Unterbrechers auf die der Nebenstelle 3 entsprechende Schwingungszahl ein und drückt auf Taste. Die Weckvorrichtung der Nebenstelle 3 wird betätigt. Der Inhaber der Nebenstelle 5 nimmt hierauf das Telephon ab und verriegelt damit sämtliche übrige Nebenstellen, also auch Nebenstelle 3. Diesen Umstand bemerkt der inzwischen an seinen Apparat gekommene Inhaber der gerufenen Nebenstelle 3 und schließt hieraus, daß er von einer anderen Nebenstelle der gemeinsamen Leitung angerufen wurde. Der Inhaber der letzteren drückt nun die Entriegelungstaste und gibt damit dem Inhaber der gerufenen Nebenstelle 3 Gelegenheit und ein Zeichen, sich an die gemeinsame Leitung anzuschließen, was letzterer einfach durch Abheben des Telephons bewirkt. Das Gespräch zwischen beiden Nebenstellen kann ohne weiteres beginnen.

Durch das Abheben des Telephons in der rufenden Nebenstelle 5 wurde aber das Amt angerufen, worauf letzteres die betreffende Nebenstellenleitung stöpselte und sich meldete. Nebenstelle 5 teilt dem Amte mit, daß es sich um eine Nebenstellenverbindung handelt. Das Amt läßt nun die Nebenstellenleitung gestöpselt und sichert so das Gespräch zwischen den beiden Nebenstellen vor Störung. Erst wenn das letztere beendet und nach Anhängen der Telephone an den beiden Nebenstellen das Schlußzeichen im Amte erschienen ist, wird hier der Stöpsel der betreffenden Nebenstellenleitung gezogen und letztere anderem Bedürfnis freigegeben.

Die im vorstehenden gegebene allgemeine Lösung erfährt einige Vereinfachungen für den außerordentlich häufigen Fall, daß in eine gemeinsame Leitung nur zwei Sprechstellen eingeschaltet sind. Die beiden Sprechstellen gehören dann meistens ein und demselben Betriebe an und pflegen einen lebhaften Verkehr unter sich.

Dabei besteht zwischen beiden Sprechstellen meist der Unterschied, daß für die eine der Verkehr zum Amte wichtiger und häufiger ist als für die andere. Ferner besteht meist allgemein das Interesse, für beide Stellen einen vom Amte kommenden Anruf auch während eines Gespräches der Nebenstellen unter sich wahrnehmen und beantworten zu können.

Nehmen wir an, die zwischen Amt und Endstelle geschaltete Sprechstelle sei die wichtigere. Es bedarf dann zweier Mittel,

dem vereinfachten Bedürfnis zu entsprechen. In der Zwischenstelle ist eine zweite Weckvorrichtung anzubringen, welche einen
an die Endstelle während eines Gesprächs zwischen den beiden
Nebenstellen unter sich einlaufenden Anruf aufnimmt. Ferner
ist ein Schalter nötig, welcher die beiden Weckvorrichtungen während eines Gesprächs der Nebenstellen unter sich in die Leitung
zum Amte schaltet und die Leitung von der Zwischenstelle
zur Endstelle und von der Leitung zum Amte abtrennt. Damit
ist es möglich, den Verkehr der beiden in die gemeinsame Leitung geschalteten Sprechstellen von dem mit dem Amte völlig
zu trennen.

Die Fig. 16 zeigt, welche Verbindung von Verriegelungselektromagnet e, den beiden Weckern f und f^1 in dem einen
zum Amt führenden Ab-
schnitt und von Kondensator
und Telephon im anderen
Leitungsabschnitt während
eines Gesprächs zwischen
Mittel- und Endstelle besteht.

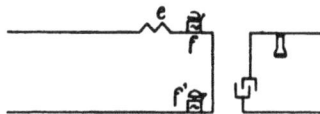

Fig. 16.

Der Betrieb gestaltet sich
folgendermaßen: Der Verkehr der beiden Sprechstellen von und
zum Amt vollzieht sich wie in der in Fig. 14 dargestellten Anordnung mit der Maßgabe, daß, während Zwischen- und Endstelle unter sich verkehren, die Leitung im Amte nicht belegt
erscheint und dem Amte die Möglichkeit gewahrt bleibt, eine
der beiden Stellen anzurufen.

Für den Verkehr der beiden Stellen unter sich muß eine
Vorkehrung getroffen werden, daß die gerufene Stelle unterscheiden kann, ob der Ruf vom Amte oder von der anderen
Stelle ausgeht, und daß die rufende Stelle ein Zeichen erhält,
wann der Inhaber der gerufenen am Apparat erschienen ist.
Die erste Forderung ist zu erfüllen, damit nicht durch unter-
schiedlose Beantwortung des Anrufs ein ungewollter Anruf des
Amts bewirkt werde, die zweite, damit die rufende Stelle der
gerufenen rechtzeitig Gelegenheit geben kann, sich an die gemeinsame Leitung anzuschließen.

Die Handhabung ist folgende: Will beispielsweise die End-
stelle die Zwischenstelle sprechen, so betätigt die erstere den
Stufenwecker der letzteren, — sei es unter Verwendung des
Linien- oder des eigenen Mikrophonstroms.

Die Zwischenstelle antwortet zunächst, indem sie den Wecker
der Endstelle in Tätigkeit setzt. Hierauf drückt der Inhaber der

Endstelle auf die Entriegelungstaste und hebt sein Telephon
ab. Hierdurch ist letzterer nebst Zubehör in bekannter Weise
an die Leitung angeschlossen, ohne daß letztere durch den Aufhängehaken unterbrochen wäre. Nun betätigt der Inhaber der
Zwischenstelle seinen Umschalter und hebt hierauf ebenfalls
sein Telephon ab. Damit ist die gemeinsame Leitung in zwei
Abschnitte zerlegt, deren erster vom Amt kommende in der
Zwischenstelle den Linienstrom über die beiden Wecker ff'
und den Verriegelungselektromagneten e führt, während die Enden
des die Sprechstellen verbindenden Abschnittes an die bezüglichen Telephone nebst Zubehör angeschlossen sind. Nach
einigen Augenblicken gibt der Inhaber der Endstelle seine Entriegelungstaste wieder frei und beginnt das Gespräch. Nach
Beendigung desselben werden die Telephone beiderseits eingehängt und in der Zwischenstelle der Umschalter in die ur-
sprüngliche Lage zurückgeführt.

Die Leitung ist damit in ihren normalen Ruhezustand
zurückgekehrt. Wird während des Gesprächs vom Amte her ein
Ruf erlassen, so erscheint dieser, gleichgültig ob er sich an die
Zwischen- oder Endstelle richtet, an einem der beiden durch
den Umschalter in die Amtsleitung geschalteten Wecker ff.
Der Inhaber der Zwischenstelle hat nun die Wahl, ob er dem
Rufe vom Amte folgen bzw. durch die Endstelle folgen lassen
oder sein Gespräch fortsetzen will. Im ersten Falle verständigt
er die Endstelle, letztere hängt das Telephon ein, der Inhaber
der Zwischenstelle legt seinen Umschalter um und beantwortet
den Anruf des Amts in gewöhnlicher Weise. Im zweiten Falle
legt der Inhaber der Zwischenstelle nach einem Worte der Ver-
ständigung einfach seinen Umschalter um und hängt sein Telephon ein.

Will die Endstelle die Zwischenstelle sprechen, so betätigt
sie deren Wecker und wartet, bis das Zeichen — ebenfalls ein
Weckersignal — der Bereitschaft eingelaufen. Hierauf drückt
sie die Entriegelungstaste kurze Zeit und hebt dann das Telephon ab. Der Inhaber der Zwischenstelle legt den Umschalter
um und hebt das Telephon ab.

Zur Unterscheidung der vom Amte kommenden und der
zwischen den Sprechstellen ausgetauschten Anrufe genügt es für
letztere, mehrere in kurzen Abständen folgende kurze Signale
festzusetzen.

Es bedarf keiner näheren Ausführung, daß der Umschalter
mit dem Aufhängehaken der Zwischenstelle leicht in solche

Abhängigkeit gebracht werden kann, daß er beim Einhängen des Telephons selbsttätig in die normale Stellung zurückkehrt.

Ein Blick auf die Schaltungen (Fig. 14 mit Fig. 16) zeigt ferner, daß es keinerlei Schwierigkeiten begegnet, in dieselben Schalter einzufügen, welche gestatten, die Sprechapparate auf irgendwelche andere Leitungen so zu schalten, daß die Schaltung der gemeinsamen Leitung in ihrem Ruhezustande erhalten und die Möglichkeit, Rufe in dieser Leitung zu empfangen, bestehen bleibt, während der Sprechapparat etwa in einer Linienwähler- oder sonstigen von der gemeinsamen Amtsleitung getrennten Anlage in Benutzung steht.

Wir kommen zur Besprechung des Falles, daß die Neben- stellen einer Fernsprechanlage mit zentraler Anruf- und Mikro- phonbatterie angehören. Da ist zunächst an die meist übliche Schaltung des gewöhnlichen Teilnehmeranschlusses zu erinnern. Die beiden im Amte endigenden Äste der Teilnehmerdoppel- leitung sind ständig mit den beiden Polen der Anrufbatterie unter Zwischenschaltung eines Anrufelektromagneten verbunden. In der Teilnehmerstelle liegen zwischen den Enden der Doppel- leitung in Reihe geschaltet ein Wechselstromwecker und ein Kondensator. Letzterer verhindert, daß die im Amte ständig an- liegende Rufbatterie einen Strom abgibt. Erst wenn der Teil- nehmer sein Telephon abhebt und hierdurch Kondensator und Wecker ausschaltet und an deren Stelle sein Mikrophon ein- schaltet, kommt ein Strom in der Leitung zustande und betätigt im Amte den Anrufelektromagnet.

Es ergibt sich hieraus, daß eine einfache Reihenschaltung mehrerer Teilnehmerstellen in derselben Leitung ausgeschlossen ist. Aber auch eine Parallelschaltung ist nicht durchführbar. Wohl könnte beispielsweise die letzte an die gemeinsame Leitung angeschlossene Teilnehmerstelle durch Abheben des Telephons und Ausschaltung von Wecker und Kondensator den Zustand der Leitung für alle vor ihr liegenden so ändern, daß diese Änderung zur Verriegelung dieser Stellen dienen könnte. Für irgendeine zwischenliegende Stelle besteht jedoch diese Mög- lichkeit nur für die vor-, nicht aber für die rückwärts liegenden Sprechstellen. Es muß daher ein Mittel angewendet werden, welches jeder Sprechstelle ermöglicht, sämtliche übrigen zu beeinflussen. Dies Mittel kann, da daran festzuhalten ist, daß die Sprechstellen keinerlei eigene Stromquelle benutzen, nur in einem vom Amte ausgehenden, sämtliche Sprechstellen durchfließenden Strom bestehen. Dieser Strom kann jedoch nicht identisch mit

dem Mikrophonstrom sein, denn letzterer kann nicht über die
zur Verriegelung und Signalgebung dienenden Selbstinduktionen
geführt werden. Letztere müssen vielmehr in einem Leitungsstück liegen, welches beim Gebrauche einer Stelle durch ein
entsprechendes selbstinduktionsloses Stück ersetzt werden muß.
Da demnach die zum Amte führende Leitung auch im Ruhezustande eine geschlossene Strombahn bilden muß, ist der wahlweise Anruf vom Amt nicht an die Anwendung von Wechselstrom, wie dies die Schaltung der gewöhnlichen Teilnehmerstellen
erfordert, gebunden. Diese Beschränkung tritt jedoch wieder
ein, wenn der Anruf der Nebenstellen unter sich ohne Beihilfe
des Amts erfolgen soll. Dann steht nur die periodische Unterbrechung des die Leitung durchfließenden Ruhestroms unter
Anwendung von Resonanzweckern zur Verfügung.

Eine auf diesen Grundlagen entworfene Schaltung zeigt
die Fig. 17. *a* und *b* sind die beiden Äste der Doppelleitung.

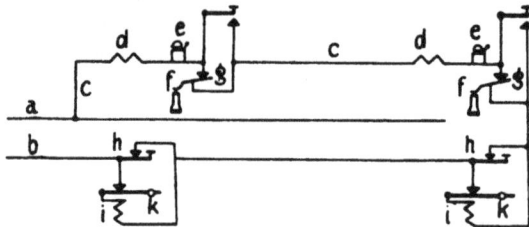

Fig. 17.

An der ersten Sprechstelle der gemeinsamen Leitung schließt an
den Ast *a* eine dritte Leitung *c* an, welche in jeder Sprechstelle
den Verriegelungselektromagnet *d*, den Wecker *e* und einen von
dem Hakenumschalter *f* beherrschten Kontakt *g* in Reihe geschaltet enthält. In der letzten Sprechstelle schließt diese Leitung
c an das Ende der *b*-Leitung zum Amte an und bildet so den
Stromweg für den im Ruhezustande die Verriegelungselektromagnete durchfließenden Dauerstrom, welcher, wie ersichtlich,
durch den Übergang des Hakenumschalters aus der Ruhe- in
die Arbeitslage unterbrochen wird. Der Hakenumschalter *f* hat
ferner die Aufgabe, in der Arbeitslage Mikrophon, Induktionsrolle
und Telephon in bekannter Weise an die beiden Äste der
Leitung anzuschalten. Die Taste *h* bildet in der Ruhelage einen
Nebenschluß zu dem Unterbrecher *i* in der *b*-Leitung. Die

Frequenz des letzteren wird durch Verschieben des Gewichts k der zu rufenden Nebenstelle angepaßt.

Die Wirkungsweise der Schaltung ist folgende:

Im Ruhezustand der Leitung ist letztere im Amt über die Anrufbatterie und den Anrufelektromagneten geschlossen. Der Anruf des Amts geschieht durch Abhängen des Telephons in irgendeiner der Nebenstellen. Der Hakenumschalter unterbricht hierbei den Kontakt g und damit vorübergehend die Leitung überhaupt, dauernd das den Verriegelungselektromagnet und Wecker enthaltende Stück c. Der Anker des Anrufelektromagneten im Amte fällt ab und wird durch eine Haltewicklung auch ferner festgehalten, wenn der Hakenumschalter der rufenden Sprechstelle seinen Weg vollendet und den Strom der Batterie über $a\,b$ und Mikrophon usw. wieder geschlossen hat.

Das Amt schaltet sich in gewöhnlicher Weise auf die Leitung, nimmt den Wunsch der rufenden Sprechstelle entgegen und stellt die verlangte Verbindung her. Nach Schluß des Gesprächs hängt der Rufende sein Telephon wieder an, bewirkt durch den Hakenumschalter eine kurz vorübergehende Unterbrechung der Leitung, welche im Amt zum Schlußzeichen und zur Trennung der Verbindung Veranlassung gibt.

Der Anruf der einzelnen Stellen vom Amt geschieht in gewöhnlicher Weise, indem die Beamtin nach Einsetzen des Stöpsels in die Klinke der fraglichen Leitung durch Druck auf die Ruftaste, die der Frequenz des zu betätigenden Weckers entsprechende Folge von Stromunterbrechungen hervorbringt.

Für den Verkehr der Sprechstellen unter sich wird für den Fall der Vermittlung durch das Amt nach S. 34 verfahren.

Findet der Anruf der Nebenstellen unter sich ohne Beihilfe des Amts statt, so ist ein Mittel vorzusehen, daß die gerufene Stelle erkennen kann, daß der Ruf von einer anderen, der gemeinsamen Leitung angehörigen Sprechstelle ausgegangen ist, weil Vorsorge zu treffen ist, daß die Beantwortung des Anrufs nicht einen Anruf des Amts bewirke.

Wie in dem Fall S. 37 kann die Unterscheidung damit gegeben sein, daß ein Anruf vom Amt durch ein einmaliges, ein Anruf von einer Nebenstelle durch ein zweimaliges Glockenzeichen gekennzeichnet wird. Der Rufende stellt das Gewicht seines Unterbrechers der Frequenz des zu betätigenden Weckers entsprechend ein und drückt zweimal auf Taste h, hebt sein Telephon ab und verständigt das Amt, daß es sich um ein Gespräch zwischen zwei Nebenstellen handelt.

Nachdem das Telephon wieder eingehängt ist, wird gewartet, bis die gerufene Stelle durch ein Signal die Bereitschaft zum Gespräch kundgegeben hat.

Letztere hebt unter kurzem Druck auf die die Öffnung am Hakenumschalter überbrückende Taste das Telephon ab, was der Rufende am Schauzeichen seines Verriegelungselektromagneten beobachten kann. Der Gerufene drückt hierauf neuerdings diese Taste und gibt nun erst durch Wiederherstellung des Stroms im Verriegelungsstromkreis dem Rufenden Gelegenheit, sich an die gemeinsame Leitung anzuschließen. Dies besorgt der Rufende, indem er auf die betreffende Taste drückt und sein Telephon abhebt. Der vom Amte kommende Strom durchfließt nun, nachdem der Gerufene und der Rufende die Tasten wieder freigegeben, in Parallelschaltung die Mikrophone der beiden verbundenen Sprechstellen.

Nach beendigtem Gespräche hängen die Benutzer ihre Telephone an, verursachen damit vorübergehende Unterbrechung des Stroms und das Erscheinen des Schlußzeichens im Amte. Hier wird der Stöpsel aus der Klinke der gemeinsamen Leitung gezogen und letztere damit wieder als frei gekennzeichnet.

Wir haben schon erwähnt, daß im Betriebe der deutschen Reichspostverwaltung und in Bayern und Württemberg die Zahl der an eine gemeinsame Leitung zum Amte anzuschließenden Nebenstellen zurzeit auf fünf beschränkt ist. Diese Beschränkung entsprang vermutlich dem Umstande, daß bei Einführung des Prinzips der Nebenstellen die Verhältnisse in großen Anlagen die Grundlage der Erwägungen bildeten, welche bei einigermaßen lebhaftem Verkehr der Nebenstellen und bei der Umständlichkeit und Unsicherheit der Vermittlung durch Privatpersonen Unzufriedenheit erwarten ließen. Da bei vollautomatischen Nebenstellensystemen diese Befürchtungen unbegründet, ferner die Verhältnisse in kleineren Anlagen selbst für die bestehende Betriebsform die Vereinigung einer größeren Anzahl von Nebenstellen zu einer Betriebsgemeinschaft zuließen, so fragt es sich, wie viele Sprechstellen etwa mit den bisher besprochenen Mitteln ohne technische Bedenken an eine Leitung angeschlossen werden könnten. Wir unterscheiden zunächst wieder die beiden Betriebsarten: Systeme mit eigener Mikrophonbatterie und Systeme mit gemeinsamer Mikrophonbatterie und fassen die auf ersterem System beruhende Schaltung (Fig. 14) ins Auge. Es ergibt sich, daß die Zahl der in einer Leitung zum Amte zu betreibenden Nebenstellen durch einen einfachen, von Dr. L. Rellstab angegebenen Kunstgriff ohne Änderung der Anrufsmittel verdoppelt

werden kann. Es ist nur nötig, die *b*-Leitung ebenfalls mit
Verriegelungselektromagneten und Weckern zu belegen und für
den unterbrochenen Ast für Rückleitung zu sorgen.

Die Fig. 18 zeigt das Prinzip *a* und *b* sind die beiden vom
Amte kommenden Äste der Doppelleitung.

Vor der ersten Nebenstelle bzw. letzten bei Punkt *c* trennen
sich *a*- und *b*-Leitung. Die *a*-Leitung geht über Sprechstelle 1, 2, 3,
die *b*-Leitung über Sprech-
stelle 6, 5, 4, um zwischen
3 und 4 an Erde anzu-
schließen. Bei Punkt *c* ist
nun sowohl von *a* als von
b ein Leitungsstück abge-
zweigt, von welchen das
von der *b*-Leitung abzweigende Stück die *a*-Leitung,
das von der *a*-Leitung abzweigende die *b*-Leitung
begleitet. Indem eine die

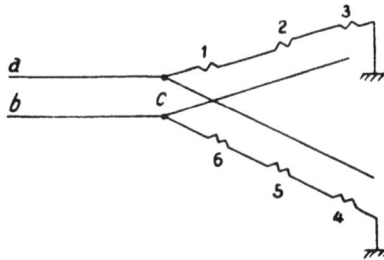

Fig. 18.

Leitung benutzende Sprechstelle den die Verriegelungselektromagnete und Wecker enthaltenden Zweig unterbricht, stellt sie
durch das eine oder andere jener Leitungsstücke die Verbindung
zu der unterbrochenen Rückleitung her,
so daß die in Fig. 19 angedeutete
Schaltung entsteht.

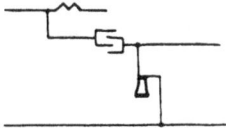

Der Anruf durch das Amt geschieht
derart, daß die Stellen 1, 2, 3 über die
a-Leitung, die Stellen 4, 5, 6 über die
b-Leitung den Rufstrom zugeführt erhalten. Es ergibt sich hieraus, daß

Fig. 19.

bei Anwendung von sechs Frequenzen zwölf Sprechstellen in
derselben Leitung betrieben werden können.

Ein weiteres Mittel, die Zahl der in einer Leitung zu betreibenden Sprechstellen zu erhöhen, besteht in der gleichzeitigen
Verwendung von Gleichstrom und Wechselstrom in der Weise,
daß einem in die Leitung entsandten Gleichstrom Wechselstrom
verschiedener Frequenz überlagert wird. Das von dem Verfasser angegebene Prinzip zeigt Fig. 20. *a* ist die Gleichstrom-
quelle im Amt, *b* die zugehörige Taste, *c* ist ein Übertrager,
dessen eine Bewicklung in der Leitung liegt, dessen andere mit
einer Taste *d* und einer Wechselstromquelle *e* verbunden ist.
Werden die Tasten *b* und *d* gleichzeitig gedrückt, so durchfließt

die Leitung ein Gleichstrom, welchem ein Wechselstrom von
der der Wechselstromquelle *e* entsprechenden Frequenz über-
gelagert ist. In der Sprechstelle findet sich ein polarisiertes

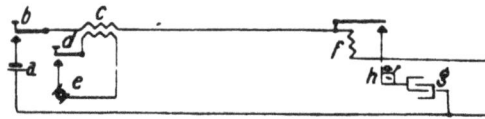

Fig. 20.

Relais *f* eingeschaltet, welches auf die durch Taste *b* entsandte
Richtung des Gleichstroms anspricht vermittelst seines Ankers
den Kondensator *g* und den Resonanzwecker *h* an die Leitung
in Brücke anschließt. Der Resonanzwecker *h* spricht an, da
seine Frequenz mit jener des durch Taste *d* entsandten Wechselstroms übereinstimmt. Es können nun so viele Relais *f* in die
Leitung geschaltet sein, als Stromfrequenzen verwendet werden.
Obwohl alle Relais ansprechen, ertönt doch nur der Wecker,
dessen Frequenz der des übergelagerten Wechselstroms entspricht.
Sind in die gleiche Leitung die gleiche Zahl Relais entgegengesetzter Polarität eingeschaltet, so werden deren Wecker erst
auf Umkehrung des Gleichstroms ansprechen. Benutzt man nach
dem vorigen Fall *a*- und *b*-Leitung und Erde, so ergibt sich, daß
bei 6 Frequenzen $4 \times 6 = 24$ Sprechstellen an die gemeinsame Leitung angeschlossen werden können. Werden statt der einfachen
polarisierten Relais polarisierte Stufenrelais angewendet, so lassen
sich, wie ersichtlich, $4 \, n \cdot 6$ Sprechstellen anschließen, wenn *n*
die Anzahl der Gleichstromstufen und 6 die Anzahl der verschiedenen Stromfrequenzen beträgt, d. h. bei vier Gleichstromstufen und sechs verschiedenen Frequenzen ließen sich 96 Stellen
an eine gemeinsame Leitung anschließen, wenn sich dies nicht
durch das Verkehrsbedürfnis der einzelnen Stellen verböte. Die
Rechnung sollte denn auch nur zeigen, bis zu welchen Zahlen
man selbst unter der Beschränkung auf die einfachsten Mittel,
wie sie die besprochenen Schaltungen aufweisen, in der Lösung
des vorliegenden Problems gelangen kann. Doch hat dieser
Nachweis nicht ausschließlich theoretisches Interesse. In der
Tat besteht heute, namentlich auf dem platten Lande, in weitesten
Kreisen ein Bedürfnis des Anschlusses an öffentliche Fernsprechanlagen, ohne daß dies Bedürfnis auch durch die Stärke
des Verkehrs die Kosten für die Befriedigung rechtfertigte.

In zahlreichen Fällen derart könnte die Befriedigung nur durch die gemeinsame Benutzung einer Leitung durch eine größere Anzahl von Interessenten ermöglicht werden.

Insbesondere könnten kleinere, von der nächsten öffentlichen Fernsprechanlage weit entfernte Orte, für welche ein Einzelanschluß der Interessenten an das Fernsprechnetz völlig, ausgeschlossen bleibt, unter Verwendung der in Fig. 18 prinzipiel, dargestellten Anordnung in den Fernsprechverkehr einbezogen werden.

Da der Verkehr derartiger Interessenten unter sich ein minimaler zu sein pflegt, käme es auch nicht in Betracht, wenn für die erwähnte Anordnung dieser Verkehr durch das Amt vermittelt werden müßte.

Wollte man sich begnügen, in einer Leitung nur 10 bis 20 Sprechstellen einzuschalten, so könnten doch kleine Orte bis zu 50 bis 100 Teilnehmern mit 5 bis 10 Leitungen an ein entferntes Fernsprechamt angeschlossen werden, ohne daß hierfür das jetzt übliche kleinere Vermittlungsamt mit seinen Anlage- und Betriebskosten nötig wäre. Auf nähere Einzelheiten wird in dem nächsten Abschnitt zurückzukommen sein. Es genügt hier darauf hingewiesen zu haben, wie mit dem Prinzip des vollautomatischen Verkehrs in gemeinsam benutzten Fernsprechleitungen nicht nur dem augenblicklich dringendsten Bedürfnis einer befriedigenden Gestaltung des Nebenstellenbetriebs entsprochen, sondern neue Gebiete der Anwendung des Telephons erschlossen werden können, ohne daß hierzu andere als die einfachsten und billigsten technischen Hilfsmittel herangezogen werden müßten.

V. Der wahlweise Anruf in Fernleitungen.

Unter Fernleitungen sind Doppelleitungen verstanden, welche zur Übermittlung von Ferngesprächen zwischen den Fernsprechnetzen mehr oder minder entfernter Städte oder Länder dienen. In dem Falle, in welchem eine Fernleitung an einem Fernsprechnetze mit mehreren Vermittlungsämtern endigt oder für den Verkehr mehrerer längs der Fernleitung in größeren oder kleineren Abständen angelegten kleineren Vermittlungsämter dient, kann der wahlweise Anruf zu einer wesentlich besseren Ausnutzung des kostbaren Materials der Fernleitungen führen.

In dem erstgenannten Falle, wie er am ausgeprägtesten in Deutschland in Berlin vorliegt, mündet beispielsweise die Fernleitung Berlin—Hamburg in Berlin bei einer Abteilung des dortigen Hauptfernsprechamtes, dem sog. Fernamt. Letzteres vermittelt ausschließlich den Fernverkehr und ist zu diesem Zwecke mit sämtlichen Ortsämtern — 9 an der Zahl — durch radial angeordnete Leitungen verbunden. Für den Fernverkehr handelt es sich um von und nach auswärts verlangte Verbindungen. Wird eine Verbindung von auswärts verlangt, so gibt beispielsweise das Fernamt Hamburg in der Fernleitung ein Zeichen an das Fernamt Berlin. Letzteres schaltet seinen Sprechapparat in die Fernleitung und vernimmt, daß Teilnehmer Nr. 501, welcher an Ortsamt 6 angeschlossen ist, verlangt wird. Das Fernamt ruft Ortsamt 6 auf und gibt den Auftrag weiter. Ortsamt 6 stellt hierauf die Verbindung mit dem verlangten Teilnehmer Nr. 501 her. Nach Beendigung des Gesprächs erscheint ein Schlußzeichen im Ortsamt 6, letzteres löst die Verbindung, wodurch ein Schlußzeichen im Fernamt erscheint, wo die Fernleitung wieder von dem zu Ortsamt 6 führenden Leitungsabschnitt getrennt wird.

Eine Verbindung nach auswärts vollzieht sich folgendermaßen: Der an Ortsamt 6 angeschlossene Teilnehmer Nr. 501 ruft in gewöhnlicher Weise sein Ortsamt und verlangt Fernamt. Er wird an eine Abteilung des letzteren, das sog. Meldeamt, verbunden. Letzterem teilt er seinen Wunsch, mit Teilnehmer Nr. 302 in Hamburg verkehren zu wollen, mit. Nun ergeben sich zwei Fälle: entweder die Fernleitung ist wie gewöhnlich bereits benutzt und durch Vormerkungen anderer Ferngespräche für einen mehr oder minder großen Zeitraum belegt, oder sie ist frei. Im erstern Falle fordert das Fernamt auf, nach einiger, den vorliegenden Vormerkungen entsprechenden Zeit neuerdings anzurufen. Im zweiten Falle stellt es die verlangte Verbindung mit der Fernleitung ohne weiteres her.

Es ist ohne weiteres klar, daß die gesamte Tätigkeit des Fernamts, soweit sie sich auf die Herstellung der von auswärts verlangten Verbindungen bezieht, unterdrückt werden kann, wenn die Fernleitung unter Zwischenschaltung wahlweise betätigbarer Anruforgane vom Fernamt über die verschiedenen Ortsämter fortgesetzt wird. Dann könnte ein von Hamburg an das Ortsamt 6 zu richtendes Verlangen unmittelbar ohne Mitwirkung des Fernamts an das verlangte Ortsamt gelangen, wo dann der Anschluß des verlangten Teilnehmers an die Fernleitung sowie dessen Trennung von letzterer nach beendigtem Gespräche ebenfalls ohne Beihilfe des Fernamts bewirkt werden könnte.

In einem Falle, wie dem Berliner, wäre es zweckmäßig, die in Fig. 21 dargestellte Schaltung, bei welcher eine von der gemeinsamen Fernleitung am Fernamte abzweigende selbstinduktionslose dritte Leitung, welche die a- und b-Leitung der Fernleitung durch die Ortsämter begleitet und während eines Gesprächs den die Anrufsignale enthaltenden Abschnitt ersetzt, anzuwenden.

Die Schaltung ist eine von W. Krüger angegebene Vereinfachung einer von dem Verfasser herrührenden Anordnung.

In der beifolgenden Zeichnung (Fig. 21) bedeuten c das Fernamt, d und e je ein Ortsamt. Der aus der Fernleitung a b kommende Rufstrom geht über die Leitung r, Ruhekontakt i

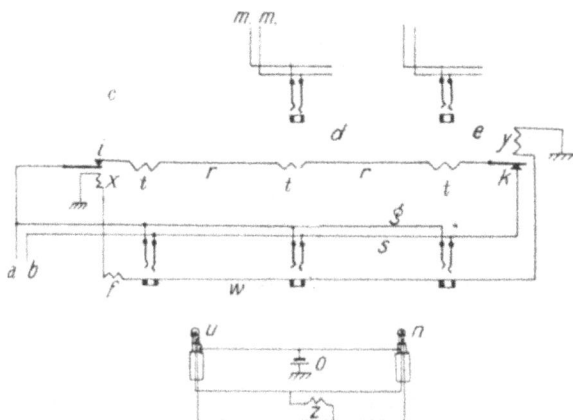

Fig. 21.

des Relais x, die zum wahlweisen Anruf eingerichteten Anrufzeichen t, über den Ruhekontakt k des Relais y, die Leitung s und zu dem zweiten Aste der Fernleitung a b. Der Rufstrom betätigt das der entsandten Stromstufe entsprechende Anrufzeichen t, beispielsweise in dem Ortsamte d. Der Beamte des Amtes d setzt den Stöpsel u in die Klinke der Fernleitung und schaltet in gewöhnlicher Weise seinen Abfrageapparat ein. Die mit dem Stöpselkörper verbundene Batterie o entsendet einen Strom über die Prüfleitung w, das Signal f und die Elektromagnete x und y. Hierdurch wird an dem Signal f im Fernamt

angezeigt, daß die Fernleitung von irgend einem der Ortsämter
in Benutzung genommen worden ist, ferner wurden die Kontakte i und k durch die Elektromagnete x bzw. y aufgehoben
und damit die Signalleitung r beiderseitig von der Fernleitung
abgetrennt. Dadurch, daß die Prüfleitung w durch Stöpsel u mit
Batterie e verbunden wurde, erfahren auch die übrigen Ortsämter, daß die Fernleitung in Benutzung genommen worden ist,
sei es, daß in den Ortsämtern wie im Fernamt eine Signalvorrichtung f eingeschaltet ist oder die Prüfung in gewöhnlicher
Weise vermittelst Telephon vorgenommen wird. Hat der Beamte
des Ortsamtes d die Nummer des von ihm verlangten Teilnehmers
erfahren, so setzt er den Stöpsel n in die Klinke der betreffenden
Teilnehmerleitung m m und hat damit diese Leitung mit der
Fernleitung a b über die Leitungen s g unter Zwischenschaltung
des Schlußzeichens z verbunden.

Nicht so einfach gestaltet sich die Aufgabe für den Fall,
daß es sich darum handelt, eine mehr oder minder lange Fernleitung gleichzeitig für mehrere längs der Fernleitung verteilte
selbständige Ortsnetze nutzbar zu machen. Da ist es in erster
Linie nötig, daß die Anzahl der Leitungen auf die zwei zum
Sprechen unerläßlichen beschränkt bleibe. Dann wäre es nicht
zulässig, daß die Benutzung eines mehr oder minder kurzen
Abschnitts der Fernleitung die gleichzeitige Benutzung des Restes
ausschlösse. Diese Bedingungen fordern erstens, daß die Anruf-
und Besetztzeichensignale in die Fernleitung selbst eingeschaltet
seien und deren Selbstinduktionen während eines Gesprächs
unschädlich gemacht werden und zweitens, daß während der
ganzen Benutzungsdauer eines Leitungsabschnitts die ganze rest-
liche Leitung unterrichtet bleibt, welcher Leitungsabschnitt in
Benutzung steht.

Die erstere Bedingung läßt sich mit der auf S. 32, Fig. 14
angegebenen Schaltung erfüllen. Doch bedarf dieselbe noch
einer Ergänzung. Es muß ein Mittel vorgesehen werden, welches
die durch die Benutzung eines Leitungsabschnitts bedingte
Unterbrechung der Leitung für Gleichstrom für den übrigen,
gleichzeitiger anderweiter Benutzung offen stehenden Teil der
Leitung aufhebt. Hierfür genügt ein einfacher Schalter, welcher
die beiden Leitungsäste der Fernleitung des von dem benutzten
abgewendeten Abschnitts mit oder ohne Zwischenschaltung des
eigenen Anrufsignals verbindet. Es bedarf kaum der Erwähnung,
daß die den Ruhestrom für die unbenutzte Leitung liefernde
Batterie von sämtlichen Stationen aus der Leitung Strom abgeben

muß. Der erwähnte Schalter muß ferner in jeder Zwischenstation doppelt vorhanden sein, da der von einer sprechenden Station nicht beanspruchte Abschnitt sowohl vor als hinter dieser Station liegen kann. Welcher der beiden Schalter von der gerufenen Station in einem gegebenen Falle zu betätigen ist, kann dadurch kenntlich gemacht werden, daß beispielsweise die in der Richtung vom Anfangspunkte gegen den Endpunkt der Fernleitung verlaufenden Anrufe in einem, die in entgegengesetzter Richtung verlaufenden in zwei Glockenzeichen bestehen.

Der Bedingung, daß während der Benutzung eines Leitungsabschnittes die übrigen über die noch verbliebenen Benutzungsmöglichkeiten unterrichtet bleiben, kann auf folgende Weise genügt werden. In jeder Station ist ein Hartmann-Kempfscher Frequenzanzeiger vorgesehen. Mit den beiden Schaltern zur Verbindung der beiden Fernleitungsäste ist eine Wechselstromquelle derart verbunden, daß letztere bei Betätigung des Schalters dauernd in den durch den Schalter vervollständigten Stromkreis Wechselströme von bestimmter dieser Station zugewiesener Frequenz entsendet. Die in diesem Stromkreis in den zugehörigen Stationen eingeschalteten Frequenzanzeiger geben daher an, welche nächste Station die Leitung in dem gegebenen Augenblicke in Benutzung hat.

Enthält die Fernleitung z. B. eine Anfangs-, eine End- und sechs Zwischenstationen und spricht Station 6 mit der Endstation, so geben die Frequenzanzeiger in der Anfangsstation und in den Stationen 1, 2, 3, 4 und 5 an, daß Station 6 mit der Endstation spricht, und daß der ganze Leitungsabschnitt von der Anfangsstation bis einschließlich Station 5 zu gleichzeitiger anderweiter Benutzung zur Verfügung steht, d. h. daß die Verkehrsmöglichkeit zwischen Anfangsstation und den Stationen 1, 2, 3, 4 und 5 in beliebiger Gruppierung gelassen ist.

Sprechen dagegen die Stationen 3 und 4 miteinander, so geben die Frequenzanzeiger in der Anfangsstation und in den Stationen 1 und 2 an, daß nur ein Verkehr dieser Stationen unter sich möglich ist, gleichviel mit welcher der übrigen Stationen die Station 3 verkehren mag. In den Stationen 5, 6 und in der Endstation melden die Frequenzanzeiger, daß Station 4 mit irgend einer der Stationen 3, 2, 1 oder mit der Anfangsstation verkehrt und daß für Endstation und Station 5 und 6 nur mehr die Möglichkeit übrig geblieben, unter sich, nicht aber über Station 4 hinaus zu verkehren.

Sprechen Anfangsstation mit Station 1 und Endstation mit
Station 6, so würden sich die von den Wechselstromquellen der
Stationen 1 und 6 ausgehenden Wellenzüge begegnen. Da dieser
Fall auch noch bei anderen Kombinationen eintreten kann,
empfiehlt es sich die Frequenzanzeiger erst im Augenblicke des
Bedarfs und dann nacheinander in die beiden von der beobachtenden Station ausgehenden Leitungsabschnitte einzuschalten
und so die beiden Wellenzüge getrennt zu beobachten. So wird
unschwer und sicher festgestellt, wie weit die Leitung rechts
und wie weit sie links für das Bedürfnis der beobachtenden
Station zur Verfügung steht.

Als Mittel zum wahlweisen Anruf kann für den Betrieb
einer nach den eben entwickelten Grundsätzen eingerichteten
Fernleitung nur Wechselstrom verschiedener Frequenz in Verbindung mit Resonanzweckern in Betracht kommen. Da die
zur Betätigung der Frequenzanzeiger dienenden Ströme ebenfalls
die Resonanzwecker zu passieren haben, sind für erstere so
hohe Wechselzahlen zu wählen, daß ein Ansprechen der Wecker
unter der Wirkung der Frequenzanzeigerströme ausgeschlossen
bleibt.

Eine auf den eben dargestellten Grundlagen entworfene
Fernleitungsschaltung für eine Zwischenstation zeigt Fig. 22.

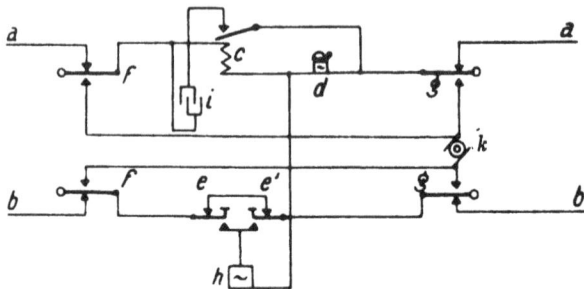

Fig. 22.

a, b sind die beiden Äste der Fernleitung. Bei unbenutzter
Leitung durchfließt der Ruhestrom sämliche Verriegelungselektromagnete c und Resonanzwecker d, die Tasten e und e' und die
Hebelumschalter f und g. Der Frequenzanzeiger ist mit h bezeichnet, i bedeutet den Kondensator, k die Wechselstromquelle.

Die Schaltungsbestandteile, welche zum Anrufen zum Ab-
fragen und zur Herstellung der Verbindungen zwischen Fern-

leitung und Teilnehmerleitungen dienen, sind der Übersichtlichkeit halber weggelassen, ebenso wie jene, welche die Ein- und Ausschaltung der Ruhestrombatterie besorgen.

Die Wirkungsweise der Schaltung ist folgende: Der von den einzelnen, in den verschiedenen Stationen aufgestellten Teilen der Ruhestrombatterie ausgehende Strom hält in jeder Station den Anker des Verriegelungselektromagneten c angezogen, dessen Stellung sichtbar anzeigt, ob die Leitung von zwei Stationen, von welchen die eine rechts, die andere links von der beobachtenden Station gelegen ist, benutzt wird, letztere daher von einer gleichzeitigen Benutzung ausgeschlossen ist. In diesem Falle ist der Anker abgefallen.

Ist der Anker angezogen, so kann die Leitung in ihrer ganzen Ausdehnung oder nur teilweise verfügbar sein.

Um festzustellen, ob das erstere oder in welchem Maße das letztere der Fall ist, drückt die interessierte Zwischenstation nacheinander auf die Tasten e bzw. e'. Bleibt hierbei der Frequenzanzeiger h in Ruhe, so ist die ganze Fernleitung frei, die Zwischenstation kann jede andere aufrufen. Spricht dagegen der Frequenzanzeiger bei Druck auf die Taste e an, so beweist dies, daß zwei links von der beobachtenden Station liegende Stationen im Verkehr stehen. Ferner gibt der Frequenzanzeiger an, welche von diesen Stationen diese Nachricht schickt, wie weit also der zwischen dieser und der beobachtenden liegende Leitungsabschnitt verfügbar geblieben ist. Das gleiche gilt für die Angaben des Frequenzanzeigers, wenn derselbe durch Druck auf die Taste e' in den rechts von der beobachtenden Station liegenden Leitungsabschnitt eingeschaltet wird.

Erweist sich nach den Angaben des Frequenzanzeigers die beabsichtigte Leitungsbenutzung möglich, so legt die Zwischenstation den Hebelumschalter ff' bzw. gg' um. Hierdurch wird die Fernleitung in zwei Abschnitte zerlegt, in den von der Zwischenstation benutzten und in einen von ihr unbenutzten. In den letzteren wurde die Wechselstromquelle k eingeschaltet, welche in den unbenutzten Abschnitt Wechselströme von der der betreffenden Zwischenstation zugeordneten Frequenz solange entsendet, als der betätigte Hebelumschalter in seiner Stellung belassen wird.

In dem anderen Leitungsabschnitt wird nun der Anrufstrom entsendet, dann der Sprechapparat mit Unterbrechung des Ruhestroms unter Zwischenschaltung des Kondensators auf die Leitung geschaltet. Die gerufene Station — es sei ebenfalls eine Zwischenstation — hat aus dem Glockensignal entnommen, von welcher Richtung der Anruf gekommen ist. Sie legt den Hebelumschalter *ff'* bzw. *gg'* um und schaltet ihren Sprechapparat auf die Leitung. In allen zwischen den beiden verkehrenden Stationen liegenden Stationen sind die Anker der Elektromagnete *c* abgefallen und haben die Selbstinduktionen der Elektromagnete *c* und der Resonanzwecker *d* überbrückt, während in dem von der gerufenen Station abgewendeten Leitungsabschnitt durch deren Wechselstromquelle verkündet wird, daß sie im Verkehr sich befindet und daß über sie hinaus die Leitung belegt ist.

Was den in jeder Station aufgestellten Teil der Ruhestrombatterie betrifft, so hat die Schaltung offenbar noch die Bedingung zu erfüllen, daß in einer Zwischenstation die Batterie immer in den unbenutzten Leitungsabschnitt zu liegen kommt.

Als Wechselstromquelle wird zweckmäßig die Anrufvorrichtung mitverwendet.

Es ist ohne weiteres ersichtlich, daß es für die geschilderte Betriebsart von Fernleitungen gleichgültig ist, ob die den einzelnen Stationen der Fernleitung zugehörigen Ortsnetze mit zentraler Stromversorgung arbeiten oder nicht. In beiden Fällen muß das Gespräch aus der Teilnehmerleitung des Ortsnetzes vermittelst Übertrager in die Fernleitung eingeführt werden.

VI. Der wahlweise Anruf und die Rentabilität der Fernsprechanlagen.

Unter Fernsprechanlagen sollen im folgenden nur die öffentlichen Telephonnetze verstanden sein. Um ein zutreffendes Bild über den gegenwärtigen Stand der Frage zu gewinnen, ist es notwendig, kurz die Entwicklung des Fernsprechwesens vor dem Blicke vorübergehen zu lassen.

Die ersten öffentlichen Fernsprechanlagen entstanden, von Privatunternehmern gegründet und betrieben, in Nordamerika Ende der siebziger Jahre des vorigen Jahrhunderts. Anlage und Organisation des Betriebes fanden sofort die folgende, im wesentlichen heute noch bestehende Form. Im Mittelpunkt der Geschäftsgegend einer Stadt wurde ein Bureau eingerichtet, von welchem aus zu den einzelnen Interessenten je eine Leitung gezogen wurde. Diese Leitung war an dem Ende des Teilnehmers mit einem Sprechapparat, am anderen mit einem Signaltableau verbunden. Vermittelst Sprechapparat und Tableau konnten Signale, welche zum Gespräch aufforderten, zwischen dem Amt und den Teilnehmern ausgetauscht werden. Im Amte können die verschiedenen Teilnehmerleitungen in beliebiger Paarung miteinander verbunden und nach beendigtem Gespräche wieder getrennt werden. Der Inhalt des gesamten Betriebs ist also: Herstellung und Unterhaltung der technischen Bedingungen, der Leitungen, der Apparate bei den Teilnehmern und des Vermittlungsamts und die Herstellung und Trennung der von den Teilnehmern gewünschten Verbindungen. Als Gegenleistung zahlen die Teilnehmer in bestimmten Zeitabständen an die Unternehmung bestimmte Summen.

Damit war ein vollkommen neues, öffentliches Verkehrsmittel, das auch nicht durch die leiseste Analogie mit der Vergangenheit verbunden ist, in die Weltgeschichte eingetreten. Mit nie gesehener Schnelligkeit verbreitete sich die Neuerung. Mit einer einzigen Ausnahme blieben Einführung und die erste Zeit der Entwicklung dem privaten Unternehmungsgeist überlassen. Nur in Deutschland behielt sich der Staat von Anbeginn Organisation und Betrieb vor, eine Maßregel, welche für die Entwicklung des neuen Verkehrsmittels von unschätzbarem Vorteil war. Insofern nämlich hier der Staat in seinem ausgedehnten Telegraphennetz bereits Anlagen besaß, deren technische Grundlagen mit jenen der neu zu schaffenden Fernsprechnetze zusammenfielen, verfügte er über eine technisch-administrative Organisation, welche unmittelbar zur Lösung der neuen Aufgabe herangezogen werden konnte. In dieser Organisation mit ihrem altgeschulten Personal, den vorhandenen Staatsgebäuden, Baugründen, Transportmitteln, in dem autoritativen Verhältnis der bauführenden Behörde zu den übrigen Staats- und Gemeindebehörden und den Privaten, in der legislativen Kennzeichnung des neuen Verkehrsmittels als eines Gegenstandes des öffentlichen Wohles vereinigten sich Faktoren, deren Zusammenwirken dem staatlichen Fernsprechwesen von Anfang an in einem der wichtigsten Punkte einen den Anfängen der privaten Unternehmung ungangbaren Weg eröffnete. Der Staat konnte mit Tarifsätzen beginnen, bei welchen die Privatunternehmung in den meisten Ländern, wo sie überhaupt noch besteht, heute erst auf einem Umweg von 20 Jahren angelangt ist. So wurde in Bayern bei der ersten Regelung der Gebühren die jährliche Taxe für die unbeschränkte Benutzung eines einfachen Anschlusses auf meinen Vorschlag auf 150 M. festgesetzt, während die Gebühren für dieselbe Leistung in den gleichzeitigen Privatunternehmungen zwischen 300 und 600 M. schwankten. Die Deutsche Reichspostverwaltung begann mit einer jährlichen Abonnementsgebühr von 200 M., um nach einer Anzahl von Jahren ebenfalls den bayerischen Satz von 150 M. anzunehmen.

Dieser Tarifpolitik ist es in erster Linie mitzuzuschreiben, daß Deutschland hinsichtlich der Telephonbenutzung in Europa heute in vorderster Reihe steht. Wie sich diese Politik auch sachlich rechtfertigt, ist später zu erörtern.

Schon in den ersten Anfängen des Betriebs öffentlicher Fernsprechnetze zeigte es sich, daß die Anordnung, daß jeder Sprechapparat mit einer eigenen Leitung an das Vermittlungsamt angeschlossen ist, nicht dem Bedürfnis genügte. Am eindringlichsten zeigte dies der Fall, daß ein Teilnehmer mit einem in seinem Geschäftslokal aufgestellten Sprechapparat angeschlossen war und nur außer der Geschäftszeit etwa von seiner im gleichen Hause befindlichen Wohnung telephonisch verkehren wollte.

Blieb man beim gesonderten Anschluß jedes Apparates stehen, so konnte das Bedürfnis nicht anders befriedigt werden, als daß in der Wohnung ein Sprechapparat aufgestellt, von diesem eine besondere Leitung zum Amt angelegt und letztere hier an eine besondere Anrufvorrichtung angeschlossen wurde. Die gesamte Veranstaltung war zu verdoppeln. Dabei blieb die gesamte Anlage für den Geschäftsanschluß auf die ganze Dauer des Geschäftsschlusses unbenutzt wie unter Umständen der Wohnungsanschluß auf die ganze Dauer der Geschäftszeit unbenutzt blieb, d. h. eine Anschlußeinheit — Sprechapparat, Leitung, Vermittlungsamtanschluß — blieb dauernd unverwendet. Diese Verschwendung zu vermeiden, führte zu dem ersten Schritte auf dem Wege zur Benutzung einer und derselben Anschlußleitung durch mehrere Sprechapparate. Die einfachste Form war die: Man stellte in der Wohnung einen zweiten Sprechapparat auf und verband ihn mit einer Leitung zu einem einfachen, neben dem Sprechapparat der Geschäftsstelle angebrachten Hebelumschalter. Verließ nun der Benutzer der letzteren das Geschäft, so legte er den Hebelumschalter um, trennte dadurch den Apparat der Geschäftsstelle von der zum Amte führenden Leitung und verband letztere mit der zum Wohnungsapparat führenden Leitung. Letzterer vertrat nun in jeder Betriebsbeziehung den ausgeschalteten Apparat der Geschäftsstelle. Unbenutzt blieb daher immer nur ein Sprechapparat und auf die Dauer der Geschäftszeit das Stückchen Leitung zwischen Wohnung und Geschäft.

Die zweite Leitung zum Amt und die zweite Anrufvorrichtung im Amt blieben erspart.

Häufig jedoch zeigte sich noch das Bedürfnis des Verkehrs zwischen Wohnung und Geschäft. Man stellte in der Geschäftsstelle neben dem Sprechapparat einen kleinen Klappenschrank mit zwei Klappen auf. An die eine Klappe wurde die zum Amte, an die andere die zur Wohnung führende Leitung angeschlossen. Der Sprechapparat der Geschäftsstelle konnte abwechselnd auf die eine oder andere Leitung geschaltet, die beiden Leitungen konnten direkt oder unter Zwischenschaltung eines Signalapparats miteinander verbunden werden. Hierdurch war folgender Betrieb ermöglicht: Die Geschäftsstelle konnte in der Normalstellung das Amt rufen, von letzterem gerufen werden, das Gleiche war zwischen Geschäfts- und Wohnungsstelle der Fall. Hatte die Geschäftsstelle die beiden Leitungen verbunden, so konnte die Wohnungsstelle mit dem Amte in gleicher Weise wie die Geschäftsstelle verkehren. War die Verbindung unter Zwischenschaltung eines Signalapparats geschehen, so wurde das die Wohnungsstelle betreffende Schlußzeichen nach Beendigung eines Gesprächs der letzteren mit dem Amte in der Geschäftsstelle gegeben, worauf letztere das Normalverhältnis wieder herstellen konnte. Nach Beendigung der Geschäftszeit konnte die dauernde Verbindung der Wohnungsstelle mit dem Amte wie im erstbesprochenen Falle hergestellt werden.

Von den ersten Anfängen des Fernsprechwesens in Deutschland bis auf den heutigen Tag ist diese Form der Benutzung einer gemeinsamen Anschlußleitung durch mehrere Sprechstellen völlig unverändert geblieben. Selbst die tiefeinschneidende Einführung der Fernsprechnebenstellen im Jahre 1900 brachte keine Änderung dieser ursprünglichen Betriebsart. Trotz der Schwerfälligkeit und Unsicherheit des Betriebs einer derart eingerichteten Anschlußleitung, welche sich aus dem Umstande ergeben, daß die eine Stelle den gesamten Verkehr der anderen zum Amte vermitteln muß, war die Einführung dieser Anschlußart für die Entwicklung der staatlichen Telephonnetze von größter Bedeutung. Der Grund hierfür lag im folgenden: In den Anfängen des Fernsprechwesens überwog für einen großen Bruchteil der Teilnehmer das Interesse, zwischen zwei Stellen des eigenen Betriebs — Wohnung und Geschäft, Hauptgeschäft und Filiale usw. — unmittelbar verkehren zu können, jenes des Ver-

kehrs mit dem Amte. Um die Möglichkeit des ersteren von der
Staatsbehörde geliefert zu erhalten, nahm man gewissermaßen
den Anschluß an das Amt in den Kauf, was denn auch anfangs
die Unannehmlichkeiten, welche jene Betriebsart mit sich bringt,
weniger schwer empfinden ließ.

Der nächste Schritt auf der Bahn der Benutzung einer gemeinsamen Amtsleitung durch mehrere Sprechstellen war der,
daß an die Sprechstelle, an welcher die Amtsleitung mündete,
eine beliebige Anzahl zum Betriebe des Inhabers der erstgenannten Stelle gehörige, auf demselben Grundstücke liegende
Sprechstellen angeschlossen werden konnten, derart, daß ein
kleines Vermittlungsamt an der Hauptsprechstelle eingerichtet
wurde, an welches radial die zum Amte und die zu den einzelnen Unterstellen führenden Leitungen angeschlossen wurden.
Dabei hatte der Teilnehmer es immer noch in der Hand, den
Verkehr der Unterstellen sowohl unter sich als mit dem Amte
dem durchaus einheitlichen Bedürfnis seines Betriebs entsprechend zu gestalten. Eine prinzipielle Verschiebung in diesem
Verhältnis ergab sich, als gestattet wurde, daß an das kleine
Vermittlungsamt des Teilnehmers auch Sprechstellen fremden
Betriebs — Wohnungstelephone im Anschlusse an die Sprechstelle des Hausbesitzers etc. — angeschlossen werden. Die in
Bayern ebenfalls schon im Anfang des Fernsprechwesens getroffene Einrichtung unterschied zwar die neue Art von Sprechstellen von denen des Inhabers des Hauptanschlusses in be-
triebstechnischer und rechtlicher Beziehung in keiner Weise,
kennzeichnete sie jedoch gewissermaßen als selbständige Anschlüsse durch höhere Gebühr und Aufnahme in das Abonnenten-
verzeichnis. Von dieser Form des Anschlusses unterscheidet
sich die heutige Fernsprechnebenstelle nur mehr durch die nied-
rigere Gebühr, die Beschränkung auf 5 Nebenstellen pro Hauptanschluß und Abwesenheit der Beschränkung, daß Haupt- und
Nebenstelle auf demselben Grundstücke liegen müssen. Und
doch hatte von jenen ersten Anfängen bis zum Jahre 1900 eine
tiefe Umwälzung im gesamten Fernsprechwesen stattgefunden.

Der interurbane Fernsprechverkehr, dem bald der inter-
nationale folgen sollte, stellte an die technische Leistungsfähigkeit der Leitungen und Apparate und die Organisation des
Betriebs vordem unbekannte Anforderungen, welche heute noch
sichtbar steigen und der Grenze der Erfüllbarkeit sich nähern.

Das Ferngespräch unterscheidet sich von dem Ortsgespräch
wesentlich. Es gleicht mehr einem gesprochenen Telegramm,

wenn der Widerspruch im Beiwort zulässig ist. Während jedoch beim Telegramm die Übermittlungsgeschwindigkeit der Nachrichten je nach den angewandten Apparaten in sehr weiten Grenzen schwanken kann und heute bereits mit Leichtigkeit Geschwindigkeiten erzielt werden, die jedes Bedürfnis überschreiten, erfordert die Übertragung der menschlichen Sprache auf telephonischem Wege ebensoviel Zeit als deren Erzeugung. Die gesamte, überhaupt für die Benutzung einer telephonischen Fernleitung zur Verfügung stehende Zeit kann also höchstens in so viele Abschnitte zerlegt werden, als die Dauer eines Gesprächs zuläßt, mit anderen Worten: auf einer Fernleitung kann in der Zeiteinheit — Stunde, Tag — nur eine bestimmte, der Natur der Dinge nach sehr beschränkte Anzahl von Gesprächen übermittelt werden. Man hat die Gesprächsdauer vielfach auf 3 bis 6 Minuten pro Gespräch festgesetzt, was in 10 Stunden 200 bzw. 100 Gespräche ergibt. Diese Zahl wird jedoch noch wesentlich durch die unvermeidlichen Zeitverluste, welche durch Herstellung und Lösung der Verbindungen zwischen Fernleitung und Apparaten der Ferngespräche Führenden entstehen, herabgesetzt.

In diesen Verlusten spielt nun die Zeit, welche Anruf des Amts seitens eines Teilnehmers und Beantwortung eines Anrufs des Amts durch einen Teilnehmer erfordert, eine wesentliche Rolle. Diese Zeit ist offenbar am kürzesten in den Fällen, in welchen der Teilnehmerapparat unmittelbar mit dem Amte verbunden ist. Andernfalls hängt sie noch von der Schnelligkeit der Bedienung in der privaten Vermittlungsstelle ab. Diese Abhängigkeit bildet einen überaus bedenklichen Punkt, der in gewissem Sinne ein Novum in dem Verhältnis zwischen der unternehmenden Behörde und dem Empfänger ihrer Gegenleistung darstellt.

Der Interessent in Königsberg, welcher mit dem Inhaber einer Nebenstelle in Berlin zu verkehren wünscht, hat durch Bezahlung der Fernsprechgebühr sich das Recht auf ein Gespräch mit dem gewünschten Teilnehmer in Berlin von bestimmter Dauer erworben. Ob er dies Recht jedoch wirklich ausüben kann, hängt durchaus von der Mittelsperson, welche die Hauptstelle in Berlin inne hat, ab. Beantwortet letztere die an sie ergangene Aufforderung, den Inhaber der Nebenstelle anzuschließen, so ist die Gebühr des Königsberger Interessenten verfallen, mag jene Mittelsperson schnell oder langsam oder überhaupt nicht die aufgetragene Verbindung ausführen.

Zweifellos überläßt damit die Unternehmung einen Teil ihrer Verpflichtung einem privaten Vermittler, der zur Erfüllung kaum verpflichtet, keinenfalls aber gezwungen werden kann. Sie behaftet einen Teil ihrer Gegenleistung mit einer bei keiner anderen vorkommenden Unsicherheit für den Empfänger. Umgekehrt wenn ein Nebenstelleninhaber ein Ferngespräch zu führen wünscht, so ist nicht nur der Zugang zum Fernamt für jenen vom Hauptstelleninhaber abhängig, sondern nach erhaltenem Zugang das Zustandekommen und der ungestörte Verlauf der Fernverbindung wiederum an die Dienstbereitschaft und das Verhalten der Hauptstelle gebunden.

Dies gilt natürlich auch für den Ortsverkehr mit Nebenstellen, wenn auch hier das Ungewöhnliche nicht so sehr in die Augen springt und der Schaden weniger lebhaft empfunden wird.

Damit sind nun die wesentlichen Anhaltspunkte zusammengestellt, welche die Untersuchung des Zusammenhangs der Nebenstellenfrage mit der Rentabilität der Fernsprechanlagen ermöglichen.

Nach Vorstehendem haben wir eine öffentliche Fernsprechanlage als einen Organismus zu betrachten, welcher aus zwei Hauptbestandteilen besteht, aus einer mehr oder minder großen Anzahl größerer und kleinerer Ortsfernsprechnetze und einer Anzahl diese Netze verbindender Fernleitungen. Ein Teil der letzteren kann das Gebiet der betreffenden Anlage überschreiten und die Verbindung zu benachbarten Ländern herstellen. So sehr die Summe der zu einer Fernsprechanlage gehörigen Einrichtungen eine Betriebseinheit bildet, empfiehlt es sich doch, die Rentabilität von Ortsnetzen und Fernleitungen zunächst getrennt zu untersuchen und die Resultate dann zu vereinigen.

Das technische Substrat eines Ortsfernsprechnetzes sind die Leitungen, die Apparate und das Vermittlungsamt oder eine Mehrheit von Vermittlungsämtern. Der für die Beschaffung dieser materiellen Grundlage erforderliche Aufwand bildet die Anlagekosten. Die Betriebskosten setzen sich aus dem Aufwand für Instandhaltung der technischen Einrichtung, der Teilnehmerapparate, der Leitungen und des Vermittlungsamts, für das mit Herstellung und Lösung der Verbindungen betraute Personal und für die Administration des Ganzen, Oberleitung, Buch- und Kassaführung zusammen.

Die Einnahmen bestehen im wesentlichen in den Eingängen aus den Abonnementgebühren, zu einem kleinen Teil in den Ergebnissen der Verwertung von Altmaterialien.

Die Rente ist die Differenz zwischen Einnahmen und Betriebskosten abzüglich des für Amortisation anzusetzenden Betrags.

Zur Beurteilung der Frage der Anlagekosten ist es nötig, wiederum kurz an die Entwicklung der Dinge zu erinnern. Die ersten Fernsprechanlagen trugen auch in Deutschland mehr oder minder die Züge der amerikanischen Vorbilder, deren erste Absicht, die Erzielung einer möglichst großen Rente die technische Gestalt der Anlagen beherrschte.

Größtmögliche Einfachheit und Billigkeit war die Losung für sämtliche Bestandteile. Die Leitung war einfach mit Benutzung der Erde als Rückleitung, bestand aus Eisen oder Stahldraht, war oberirdisch an Stangen oder an Häusern, meist an einfachen Isolatoren angelegt. Für die Teilnehmerapparate verwendete man möglichst einfache und billige Typen — im Reichspostgebiete sogar nur einfache Magnettelephone ohne Mikrophon — die Vermittlungsämter bestanden aus Klappenschränken einfachster Form, meist nach dem Zweischnursystem ohne Multiplexbetrieb.

Das anfängliche Mißtrauen gegen die Entwicklungsfähigkeit des neuen Verkehrsmittels einerseits, die außerordentliche Empfindlichkeit des Telephons anderseits, welche jede Sorglosigkeit der technischen Ausführung zuzulassen schien, der Vorgang des Landes, von dem uns die Neuerung zugekommen war, ließen jene Tendenz beinahe allgemein als gerechtfertigt erscheinen. Nur in vereinzelten Fällen wurde das Trügerische dieser Schlußfolgerungen erkannt. So wurde in Bayern von Anbeginn die größtmögliche Sorgfalt der technischen Ausführung als oberste Richtschnur angenommen. Das vorzüglichste damals erhältliche Mikrophon — Ader —, das heute noch zu den besten zählt, wurde in Verbindung mit einem ausgezeichneten, von dem bayerischen Telegraphenverwalter A. Neumayer konstruierten Empfänger verwendet, die Leitungen wurden an soliden, auf den Dächern angebrachten eisernen Konstruktionen aus Fassoneisen angebracht und durch Isolierglocken bester Art mit Doppelmantel isoliert und in den Einführungen und Hausleitungen mit bestem, an dem Anschluß an die Luftleitung durch Hartgummiglocken geschützten Guttaperchadraht ausgeführt. Für die Vermittlungsämter wurden Apparate der solidesten Bauart, für die Stromquellen die besten erhältlichen Elemente angewendet. Schon in den ersten Jahren wurde auf meine Veranlassung von der Verwendung von Stahl- und Eisendraht abgegangen und allgemein der Gebrauch der Phosphor- und Siliziumbronze für Herstellung der Leitung eingeführt und der Übergang zur unterirdischen Leitungsführung mit Doppelleitungsbetrieb vorbereitet.

Heute ist die Überzeugung allgemein geworden, daß kaum die höchste Sorgfalt der technischen Ausführung, vollkommene Durchführung des Doppelleitungsbetriebs, in Städten unterirdische Leitungsanlage, die leistungsfähigsten Teilnehmerapparate und Betriebseinrichtungen der Vermittlungsämter den heutigen Anforderungen genügen können.

Auf dieser Voraussetzung muß jede heutige Untersuchung der Frage der Rentabilität von Fernsprechanlagen sich aufbauen.

Es handelt sich heutzutage nirgends mehr in Deutschland um die Einrichtung neuer größerer Fernsprechnetze. Wenn daher nach der Rentabilität einer Fernsprechanlage gefragt wird, so ist die Antwort in hohem Maße von der Geschichte der betreffenden Anlage abhängig. Doch muß dieser Umstand zunächst unberücksichtigt bleiben.

Eine Fernsprechanlage ist ihrem Wesen nach ein expandierender Betrieb. Mehr als in irgendeinem anderen technischen Betrieb ist die Rentabilität von dem Verhältnis zwischen den zu einem bestimmten Zeitpunkt bereitgestellten Überschuß an Betriebsmitteln und dem augenblicklichen Bedarf abhängig. Ob die Reserven an Leitungen und Vermittlungsamtseinrichtungen im berechneten oder in anderem Tempo aufgezehrt werden, ist von größter Bedeutung. Die Grundannahme über dieses Tempo bestimmt die Höhe der ersten Anlagekosten, soweit sie Leitungsbau und Vermittlungsamt betreffen. Die Betriebskosten und Kosten für die Teilnehmerapparate dagegen folgen in engerem Anschluß dem augenblicklichen Bedarf.

Von den drei Hauptposten, welche die Anlagekosten zusammensetzen, ist der für die Leitung der bedeutendste. Von dem Grade der Ausnutzung, die das Leitungsnetz erfährt, hängt daher die Rentabilität eines Ortsnetzes in erster Linie ab. Ein Irrtum im Ausmaße der Reserven ist um so verhängnisvoller, je größere Leitungsabschnitte er betrifft und je geringere Ausnutzung ein und derselben Leitung die Form des Betriebs bedingt. Der Schaden ist am größten bei langen Leitungen, welche nur mit einer Sprechstelle belegt werden.

Der zweitbedeutendste Betrag in den Anlagekosten ist der Aufwand für das Vermittlungsamt. Auch für diesen Posten ist

ein Mißverhältnis von Vorrat und Bedarf um so folgenschwerer
je geringer die Anzahl der in einer Anschlußleitung einbezogenen Sprechstellen ist. Und am schädlichsten muß die Wirkung
sein für die Vermittlungsämter mit gewöhnlichem Multiplexbetrieb, bei welchem jedem Beamten ein volles Klinkenfeld zur
Verfügung steht, eine Betriebsform, deren Unzweckmäßigkeit seit
langem feststeht.

Würde es sich demnach im Augenblicke darum handeln,
ein größeres Ortsnetz einzurichten, so ergäbe sich ein Optimum
der Anlagekosten folgendermaßen: Die Zahl der Reserveleitungen
ist klein zu nehmen und nimmt ab mit der Länge der Leitungen.
Das Vermittlungsamt enthält möglichst wenig Reserven und
bedient sich des Transferbetriebs. Die Zahl der in eine Leitung
einbezogenen Sprechstellen schwankt zwischen 1 und einem
beliebigen ausschließlich von dem Urteil der Teilnehmer ab-
hängigen, in Maximo durch die Leistungsfähigkeit der technischen Einrichtungen begrenzten Betrage.

Die Bedingung für die Möglichkeit, dies Optimum der Anlagekosten wirklich zu erreichen, bestünde jedoch in der Beseitigung des gegenwärtigen prinzipiellen Unterschieds zwischen
Haupt- und Nebenanschluß. Erst wenn die einzelnen in eine
Leitung zum Amte einbezogenen Sprechstellen in jeder Betriebsbeziehung vollkommen gleichartig geworden sind, ist jene Möglichkeit gegeben. Und erst, wenn der jetzige tiefe Unterschied
der Art sich in einen in das Belieben der Teilnehmer gelegten
Unterschied des Grades verwandelt hat, kann auch an eine
Tarifbildung, welche zu einem Maximum der Einnahmen führt,
gedacht werden.

Dies leuchtet sofort ein, wenn man die mit der gegenwärtigen Betriebsform notwendig verbundene Leitungsanordnung
für Haupt- und Nebenanschlüsse ins Auge faßt. Diese Betriebsform bedingt, daß der Hauptanschluß ein kleines Vermittlungsamt bilde, von welchem aus die Leitungen zu den Neben-
anschlüssen radial ausgehen. Diese Leitungsanordnung ist aber
offenbar in hohem Grade unökonomisch. Nimmt man den
äussersten Fall an, daß sämtliche Nebenstellen mit Hauptstelle
und Amt in einer Richtung liegen und je 500 m voneinander entfernt sind, so ergibt sich für den Anschluß der Nebenstellen
an die Hauptstelle ein Leitungsaufwand von 15×500 m $= 7{,}5$ km,
während bei Hintereinanderschaltung von Haupt- und Neben
stellen $5 \times 500 = 2{,}5$ km, d. h. nur ein Drittel des vorigen
Leitungsaufwandes nötig sind, wenn die Nebenstellen sämtlich

auf der vom Amte abgewendeten Seite der Hauptstelle liegen. Befinden sich die Nebenstellen sämtlich auf der dem Amte zugewendeten Seite, dann werden für sie 100 % an Leitung erspart. Im allgemeinen wird man sagen können, daß die Hintereinanderschaltung gegenüber der Radialschaltung eine Ersparnis von 50 % an Leitung mit sich brächte.

Sind aber die in eine Leitung eingeschalteten Sprechstellen wirklich in jeder Betriebsbeziehung gleich gemacht und ist der Gebrauch derselben in der technisch vollkommensten, d. h. vollautomatischen Betriebsform ermöglicht, dann ist auch kein Grund mehr vorhanden, an dem jetzigen rechtlichen Abhängigkeitsverhältnis zwischen Inhaber der Haupt- und Inhaber der Nebenstelle, wonach letzterer nicht nur von Fall zu Fall und technisch, sondern überhaupt sein Verkehrsbedürfnis nur insofern befriedigen kann, als er einen Hauptstelleninhaber zur Gewährung eines Nebenanschlusses bereit findet, festzuhalten.

Auch aus diesem merkwürdigen Dilemma, in welchem nicht nur die Befriedigung des Verkehrsbedürfnisses weiter Bevölkerungskreise, sondern der mögliche Grad der Ausnutzung staatlicher Betriebsmittel von der Willkür einer bevorzugten Klasse von Teilnehmern einer öffentlichen Verkehrseinrichtung abhängig bleibt, führt die Hintereinanderschaltung der Sprechstellen mit vollautomatischem Betrieb.

Das Mittel hierfür ist folgendes: Die Leitungen des Netzes werden in eine mehr oder minder große Anzahl von Gruppen zusammengefaßt. Die erste Gruppe enthält nur Leitungen, an welche eine einzige Sprechstelle angeschlossen ist. Ein Abonnement auf eine Leitung dieser Gruppe ist geboten für alle Teilnehmer, deren Verkehr einen bestimmten Umfang erreicht und zulässig für jedermann.

Die zweite Gruppe umfaßt die Leitungen, welche von zwei Teilnehmern gemeinsam benutzt werden. Die dritte Gruppe enthält die Leitungen, in welche je drei Teilnehmer einbezogen sind. Teilnehmer von sehr geringem Verkehr können schließlich zu je 10 in einer Leitung eingeschaltet sein. Die Verwaltung bestimmt, welcher größte Verkehr eines Teilnehmers die Einschaltung in eine Leitung der Gruppe 2, 3, 4 usw. nach sich zieht. Doch bleibt es jedem Teilnehmer überlassen, eine beliebige Gruppe höheren Verkehrs zu wählen.

An die Apparate der Teilnehmer dürfen Nebenapparate in unbeschränkter Zahl angeschlossen werden, soweit deren Anschluß die Beanspruchung der gemeinsamen Leitung durch einen Teilnehmer nicht über die festgesetzte Grenze steigert und die Versetzung in eine höhere Gruppe veranlaßt.

Es ist leicht ersichtlich, welche Elastizität dies Mittel einem Leitungsnetze mitteilt, wie es die Zahl der erforderlichen Leitungsreserven herabsetzt und die Bauführung von Zufall und Willkür der Teilnehmer unabhängig macht. Nehmen wir an, es werden in einem Abstand von 5 km vom Vermittlungsamt in einem bestimmten Zeitraum 10 neue Teilnehmer erwartet, so sind heute, von dem Fall der Nebenstellen abgesehen, 50 km Leitung zu bauen. Könnte jedoch der Verkehr der 10 Teilnehmer so geschätzt werden, daß ein Teilnehmer eine eigene Leitung erfordert, zwei eine Leitung der zweiten, drei eine Leitung der dritten, vier eine Leitung der vierten Gruppe gemeinsam benutzen, so könnte der Erwartung schon mit vier Leitungen, d. h. mit 20 gegenüber 50 km entsprochen werden. Im Amte brauchten statt zehn nur vier Anschlüsse vorgesehen zu werden. Die wohltätige Wirkung in dieser Beziehung nimmt natürlich mit dem Umfange des Netzes und der Zahl der Leitungsgruppen rasch zu.

Einen völligen Umschwung aber der Verhältnisse brächte die Anordnung für die Peripherie des Leitungsnetzes hervor.

Hier nimmt für die Interessenten die Möglichkeit, Anschluß zu erhalten, infolge der mit der Leitungslänge wachsenden Gebühr rasch ab. Anderseits handelt es sich meist nur um ein verhältnismäßig geringes Verkehrsbedürfnis des Einzelnen. Ein ganz bedeutender Kreis von Interessenten, der heute ausgeschlossen ist, könnte einbezogen werden und gerade den längsten Leitungen eine denkbar größte Ausnutzung sichern.

In der Tat, welche Verwertungsmöglichkeiten eröffnen sich, wenn eine solche lange Leitung an jedem Punkte ihres Verlaufes eine Sprechstelle aufnehmen kann, und wenn die Zahl der in einer solchen Leitung einzuschaltenden Sprechstellen zehn oder zwölf oder mehr beträgt?

Verlassen wir nun die bisherige Voraussetzung und fassen die tatsächliche Lage der Dinge, wonach wir in Deutschland wenigstens nur mit Ortsnetzen mit einer mehr oder minder langen Vergangenheit zu tun haben, ins Auge. Da zeigt sich nun, daß der Teil der Teilnehmer, welcher in der Nähe des Vermittlungsamts gelegen ist, ein großes Verkehrsbedürfnis hat, und welcher im Beginn einer Anlage weit überwiegt, einen immer geringer werdenden Bruchteil der Zugänge ausmacht. Das

Schwergewicht aller Berechnung verschiebt sich ständig nach der Peripherie der Anlage. Mit anderen Worten: die Rentabilität eines Telephonnetzes hängt heute in noch viel größerem Maßstabe von der Ausnutzung von Leitungen und Vermittlungsamt ab als früher, und die Entwicklung der Dinge schreitet in gleicher Richtung ersichtlich fort.

Betrachten wir einen konkreten Fall. Ein Ortsnetz zu 5000 Anschlüssen sei bis zur Erschöpfung der Reserven ausgebaut. 30 % der Sprechstellen seien Nebenstellen, d. h. die angeschlossene Sprechstellenzahl beträgt 7143.

Nehmen wir an die vorhandene Zahl von 5000 Leitungen werde nun in Gruppen zerlegt. Gruppe I mit einer einzigen Sprechstelle in der Leitung umfasse 1000 Leitungen. Eine Gruppe mit je 2, 3, 4, 5 Sprechstellen umfasse ebenfalls je 1000 Leitungen. Dann könnten mit dem vorhandenen Leitungsmaterial und den bestehenden Amtseinrichtungen statt der bisherigen 7143 Sprechstellen deren 15000 angeschlossen werden. Die ohne Gruppeneinteilung und vollautomatischen Betrieb der in eine Leitung geschalteten Sprechstellen sofort erforderliche Erweiterung von Vermittlungsamt und Leitungsnetz kann auf eine weit entfernte Zukunft verlegt werden, die Rentabilität der vorhandenen Anlage steigt ohne irgendwelche andere Neuaufwendung, als sie die Teilnehmerapparate erfordern, ja selbst im Entwurf und der Bauführung begangene Fehler können mehr oder minder gut gemacht werden.

Bis zu welchem Grade aber die Rentabilität gesteigert werden kann, das hängt außer von der Entwicklungsfähigkeit des Netzes in erster Linie von dem Gebührentarif ab. Bei der Betriebsart der Nebenstellen, welche die Vermittlung des Verkehrs der Nebenstellen dem Inhaber des Hauptanschlusses überläßt, ist eine Tarifbildung, welche das Telephon wirklich zu einem allgemeinen Verkehrsmittel machen könnte, ausgeschlossen. Der von dem Inhaber des Hauptanschlusses stets erhobene Aufschlag auf die amtliche Gebühr ist notwendigerweise so groß, daß die Kosten eines Telephonanschlusses selbst von so beschränktem Wert, wie er einer heutigen Nebenstelle innewohnt, die weitesten Bevölkerungskreise von der Telephonbenutzung ausschließen.

Sehen wir zu, welcher Tarif dagegen möglich wäre mit der Gruppeneinteilung der Leitungen und dem vollautomatischen Betrieb der in gemeinsame Leitungen geschalteten Sprechstellen. Legen wir wieder die Annahme des oben erwähnten ausgebauten

Netzes von 5000 Anschlüssen zugrunde. Bringen die 5000 Hauptanschlüsse je 150 M., die 2143 Nebenanschlüsse je 30 M., so entsteht ein Gebührenanfall von 814290 M. jährlich. Wären dagegen die 7143 Sprechstellen nach der oben angenommenen Gruppierung angeschlossen, so daß 478 Sprechstellen je eine eigene Leitung, 952 Sprechstellen zu je zweien, 1428 Sprechstellen zu je dreien, 1904 Sprechstellen zu je vieren und 2380 Sprechstellen zu je fünf eine Leitung benutzten, so könnte, wenn die Gebühr in Gruppe I jährlich 200 M., in Gruppe II 150 M., in Gruppe III 120 M., in Gruppe IV 100 M., in Gruppe V 60 M. betrüge, unter Inanspruchnahme von nur 2775 Leitungen schon ein Ertrag von 845160 M. erzielt werden. Während aber bei der jetzigen Betriebsart 70 % der Anschlüsse je 150 M. jährliche Gebühr zahlen, würden bei dem Gruppenbetriebe 77 % aller Anschlüsse nur 120 bis 60 M. zu bezahlen haben.

In Wirklichkeit wird sich jedoch meist der Bedarf an Leitungen der Gruppen I und II höher stellen. Welcher bedeutende Spielraum in dieser Beziehung bleibt, ermißt sich daraus, daß unter der obigen Annahme nur etwa mehr als die Hälfte des vorhandenen Leitungsmaterials in Anspruch genommen ist.

Da nun aber nach vorstehendem durch den Gruppenbetrieb die Kapazität der ausgebauten Anlage verdoppelt wird, ohne daß über die jetzt übliche Belastung einer Leitung zu höchstens fünf Sprechstellen hinausgegangen wäre, so könnte und müßte behufs einer rationellen Ausnutzung des Leitungsnetzes und der Einrichtungen des Vermittlungsamts eine möglichste Förderung der Beteiligung durch Gebührensätze, welche die obige mehr oder minder unterschreiten, angestrebt werden.

Würde beispielsweise nur noch eine weitere Gruppe von Leitungen mit je sechs Sprechstellen hinzugefügt, die Gebühr für diese Gruppe auf 40 M. festgesetzt und nur 500 weitere Leitungen aus dem bestehenden Vorrat in Anspruch genommen, so könnten die oben angenommenen Sätze bereits so ermäßigt werden, daß eine Gebühr von 200 M. in der ersten Gruppe, von 140 M. in der zweiten, von 100 M. in der dritten, von 80 M. in der vierten, von 50 M. in der fünften, von 40 M. in der sechsten ein Jahreserträgnis von 871600 M. bringen würde, also um 57310 M. mehr als die vollauf in Anspruch genommene Anlage unter der gegenwärtigen Betriebsform einbringt. Diesem Mehrerträgnis von 57310 M. stünde eine einmalige Ausgabe von ca. 300000 M. für die Teilnehmerapparate gegenüber, welcher Ausgabe aber in den nicht beanspruchten Leitungs- und Amts-

einrichtungsreserven ein Wert von ca. 300 000 M. gegenüber-
stünde.

Es ergibt sich aus vorstehendem, daß durch den Gruppenbetrieb das völlig erschöpfte Telephonnetz, das zur Fortsetzung
des Betriebs sofort sehr erhebliche Mittel für Erweiterung des
Vermittlungsamts und des Leitungsnetzes beanspruchen würde,
ohne eine Verschlechterung des Anlagekontos sofort auf eine
Kapazität von 11143 Anschlüssen gebracht werden kann, wobei
in den übrigbleibenden Reserven an Leitungen und Amtseinrichtungen noch die Möglichkeit für weitere 3857 Anschlüsse gegeben bliebe, ohne daß für diese Anschlüsse eine Erweiterung
des Leitungsnetzes und der Amtseinrichtungen vorzusehen wäre,
wenn man den Anteil der verschiedenen Gruppen an den Leitungen so bemessen würde, daß auch nach Hinzufügung der
sechsten Gruppe nur 15 000 Anschlüsse vorgesehen wären.

Wollte man aber mit der Sechsgruppeneinteilung und mit
dem oben hierfür angenommenen Tarif die sämtlichen Leitungen
aufbrauchen, so würden die 15 000 Anschlüsse so verteilt, daß
1200 mit eigener Leitung à 200 M. = 240 000 M., 2000 à 140 M. =
280 000 M., 2400 à 100 M. = 240 000 M., 3200 à 80 M. = 256 000 M,
3000 à 50 M. = 150 000 M., 3200 à 40 M. = 128 000 M. einbrächten,
einen Gesamtgebührenanfall von 1 294 000 M. ergeben, d. h. das
mit dem Leitungsnetz von 5000 Leitungen und dem Vermittlungsamt von einer Kapazität von 5000 Leitungsanschlüssen er-
reichbare Resultat würde den bisher erzielbaren Ertrag um
479 710 M. übertreffen. Dieser Mehrertrag würde an einmaliger
Ausgabe für Teilnehmerapparate ca. 785 700 M. erfordern.

Unter den Betriebskosten stehen die Ausgaben für den
Dienst des Vermittlungsamts an erster Stelle. Der Betrieb eines
Fernsprechvermittlungsamts gleicht in vielen Stücken jenem
einer Starkstromzentrale. Wie in einer solchen die Betriebsmittel — Maschinen und Kabelnetz — in jedem Augenblick
der größtmöglichen Beanspruchung gewachsen sein müssen,
so muß in der Telephonzentrale das Bedienungspersonal stets
in dem Maße dienstbereit sein, als es die Schwankungen des
Verkehrs erfordern. Eine möglichst gleichmäßige Beanspruchung
der Zentrale ist dort wie hier die Bedingung eines ökonomischen
Betriebs. Ein ähnliches Mittel, wie es in Starkstromanlagen
in der Stromabgabe für Zwecke der Arbeitsübertragung — elektrische Trambahnen, Motorenbetrieb gewerblicher Anlagen usw.
— angewendet wird, steht für den Betrieb von Telephonzentralen
nicht zur Verfügung. Auch eine Rabattgewährung auf die

stärkere oder zu bestimmter Zeit stattfindende Benutzung des
Telephons kann nicht in Betracht kommen. Es bleibt nur übrig,
eine möglichst große Anzahl von Interessenten von möglichst
verschiedenem und zwar nicht bloß der Intensität nach, sondern
auch zeitlich verschiedenem Verkehrsbedürfnis zum Betriebe zu
vereinigen und die verschwenderische Telephonbenutzung entsprechend zu besteuern. Dem erstgenannten Zwecke sollen in
der üblichen Betriebsform die Einrichtungen der Nebenstellen
und der Anschlüsse, für welche eine Grundgebühr und eine
Gebühr für jedes einzelne Gespräch bezahlt wird, dienen.

Sehen wir zu, inwieweit diese Einrichtungen das ange-
strebte Ziel zu erreichen gestatten.

Dem Inhaber einer Nebenstelle werden seitens des Vermittlungsamts Verbindungen im gleichen Umfang wie dem
Inhaber der Hauptstelle, d. h. unbeschränkt, ausgeführt. Wird
in der Hauptstelle flott bedient, so können also die fünf — oder
sind es sechs? — an die gemeinsame Leitung angeschlossenen
Sprechstellen im Vermittlungsamt wie fünf selbständige, unbeschränkte Anschlüsse wirken mit dem Unterschiede, daß sich
die von dieser Leitung ausgehende Beanspruchung des Vermittlungsamts auf die fünffache Dauer gegenüber der Beanspruchung durch einen einfachen unbeschränkten Anschluß
erstreckt, d. h. daß die Nebenstellen im Vermittlungsamt noch
ungünstiger wirken als fünf selbständige Anschlüsse, da die
Anrufe der ersteren sich naturgemäß immer an die nämliche
Telephonistin richten. Dagegen erhält die Verwaltung für fünf
selbständige Anschlüsse jährlich 5 × 150 M. = 750 M., für die
Nebenstellenleitung aber nur 270 M. oder, wenn die Nebenstellen
auf demselben Grundstück mit dem Hauptanschluß liegen, gar
nur 230 M., eine Differenz, in welcher der Anteil der Leitung
an den Betriebskosten gegenüber dem Anteil, welchen die Kosten
für den Vermittlungsdienst an den Betriebsausgaben haben, in
keinem Verhältnis mehr steht.

Zugleich zeigt sich, wie die Betriebsleitung durch die Nebenstellen hinsichtlich des Aufwandes für den Vermittlungsdienst
in eine weitgehende Abhängigkeit von dem Verkehrsbedürfnis
der Nebenstelleninhaber und der Vermittlungstätigkeit der Hauptstelleninhaber geraten ist, welche allen Bemühungen, eine gleichmäßige Belastung des Vermittlungsamts herbeizuführen, unüber-
windliche Hindernisse in den Weg legt.

Wurde in der Einrichtung der Nebenstellen der Anteil der
Leitung an den Betriebskosten so sehr betont, daß in einer Gebühr

von 20 bzw. 30 M. für die Nebenstelle bei völlig unbeschränkter Inanspruchnahme des Vermittlungsamts ein genügendes Äquivalent gesehen wurde, so zeigt der Anschluß mit Gesprächsgebühr das umgekehrte Bild. In dem unseren bisherigen Betrachtungen zugrunde gelegten Netz beträgt für einen Anschluß derart die Gebühr bis zu 400 Gesprächen jährlich 110 M.

Der Inhaber einer solchen Sprechstelle zahlt daher für eine zehn- bis zwanzigmal geringere Benutzung das $3^2/_3$- bzw. $5^1/_2$ fache der Gebühr einer Nebenstelle.

Bei gleichen Leitungslängen leistet die Verwaltung im Falle der Nebenstellenleitung bei durchschnittlich 10 bis 20 Gesprächen pro Sprechstelle und Jahr 18 000 bis 36 000 Verbindungen gegen eine Gebühr von 230 bzw. 270 M., im Falle des Anschlusses nach Gesprächsgebühr aber 400 Verbindungen gegen eine Gebühr von 110 M., d. h. die einzelne Verbindung kostet dem Teilnehmer der ersteren Art 0,63 bis 0,7 Pf. bzw. 1,26 bis 1,4 Pf., dem Teilnehmer der zweiten Gattung aber 27,5 Pf. oder das 19,6- bis 43,6 fache.

Wie die Nebenstellen, können aber auch die Anschlüsse nach Gesprächsgebühr zur Erzielung einer gleichmäßigen Beanspruchung des Vermittlungsamts nichts Erhebliches beitragen. Wenn nämlich das Verkehrsbedürfnis von ca. einem Gespräch pro Tag nur auf drei Gespräche pro Tag steigt, so erreicht die Gebühr bereits den für einen völlig unbeschränkten Anschluß festgesetzten Betrag, ein Sachverhalt, welcher für den Teilnehmer den größten Nutzen bei der größten Einschränkung der Telephonbenutzung mit sich bringt. Dagegen enthält diese Form des Anschlusses keinerlei Moment, das die Zeit dieser Benutzung im Sinne einer gleichmäßigen Beanspruchung des Vermittlungsamts beeinflussen könnte. Die Kostspieligkeit der einzelnen Verbindung drängt vielmehr dazu, daß die Verbindungen eines solchen Anschlusses auch zur kostbarsten Zeit, zur Zeit der größten Belastung des Vermittlungsamts verlangt werden. Denn auch dieser Anschluß ist im wesentlichen Geschäftsanschluß. Es ist der Anschluß des kleinen Geschäftsmannes, der keinen Anschluß als Nebenstelleninhaber an einen Hauptanschluß findet oder nicht genügend Nebenstelleninteressenten um sich versammeln kann, um einen billigen Hauptanschluß selbst zu übernehmen.

Demnach bleibt die Rolle, ausgleichend auf die Belastung des Vermittlungsamts zu wirken, der verhältnismäßig kleinen Gruppe wohlhabender Privater vorbehalten, welche sich einen

Hauptanschluß als einen Gegenstand des Komforts anlegen lassen können. Es ergibt sich aus vorstehendem, daß weder die schrankenlose Zugänglichkeit des Vermittlungsamts, wie sie am augenfälligsten in der Nebenstellenleitung gegeben ist, noch der eine unökonomische Leitungsausnutzung geradezu zum Prinzip erhebende Anschluß nach Gesprächsgebühr gegenwärtiger Form geeignet sind, jene weiten Kreise von Interessenten in den Telephonbetrieb hereinzuziehen, deren Verkehrsbedürfnis zeitlich und der Intensität nach so mannigfach und genügend abgestuft wäre, daß es die Ungleichmäßigkeit in der Belastung des Vermittlungsamts in befriedigender Weise herabsetzen würde.

Dagegen gibt die reihenweise Einschaltung mehrerer Sprechstellen in dieselbe Anschlußleitung in Verbindung mit dem vollautomatischen Betrieb ein Mittel an die Hand, jenes Ziel in ziemlich vollkommener Weise zu erreichen.

Neben der obenerwähnten Zerlegung des Leitungsnetzes in die fünf oder sechs oder mehr Gruppen zu je 1, 2, 3, 4, 5, 6 oder mehr Sprechstellen pro Leitung wäre, wie schon angedeutet, erforderlich, daß für jede Gruppe ein Maximum des Verkehrs festgesetzt werde, welches von keiner Sprechstelle der betreffenden Gruppe überschritten werden darf. Einen ersten Anhaltspunkt für die Bemessung der von jeder Sprechstelle einzuhaltenden Maximalzahlen kann die durchschnittlich von einer Leitung pro Tag verlangte Anzahl von Verbindungen abgeben. Nimmt man diese Zahl etwa auf 12 bis 16 an, so ließe sich ungefähr folgende Skala jener Maximalzahlen aufstellen: In der Leitungsgruppe mit je sechs Sprechstellen in der Leitung könnte jede Sprechstelle zwei Verbindungen pro Tag oder 730 pro Jahr beanspruchen, in der Gruppe mit fünf Stellen 3 täglich oder 1095 jährlich, in der Gruppe mit vier Stellen 4 täglich oder 1460 jährlich, in der Gruppe mit drei Stellen 6 täglich oder 2190 jährlich, in der Gruppe mit zwei Stellen 7 täglich oder 2555 jährlich. Im Interesse einer gleichmäßigen Belastung des Vermittlungsamts sowohl, als um eine mißbräuchliche und schleuderische Telephonbenutzung hintanzuhalten, würde es sich empfehlen, auch für die Leitungen mit einer einzigen Sprechstelle eine obere Grenze der zulässigen Inanspruchnahme mit etwa zwölf Verbindungen täglich oder rd. 4000 Verbindungen im Jahr festzusetzen und Überschreitungen mit einem entsprechenden Zuschlag zu der Jahresgebühr zu belegen.

Ein Vergleich dieser Zahlen mit der Skala der Jahresgebühren von 200 M., 140 M., 100 M., 80 M., 50 M., 40 M. zeigt, wie das

Zusammenwirken derselben nicht nur die frappante Erscheinung, daß ein Gespräch einer Nebenstelle unter Umständen 19,6 bis 43,6 mal weniger kostet als ein von einem Anschluß nach Gesprächsgebühr geführtes Gespräch, beseitigt, sondern einen nahezu gleichen Preis von ca. 5 Pfennigen für sämtliche in dem Netz geführten Gespräche zur Folge hat.

In der Tat, das Gespräch selbst bildet nur den einen Faktor des Produkts, welches die Belastung des Vermittlungsamts bestimmt. Den anderen bildet die Zeit, zu welcher das Gespräch geführt wird. Mit anderen Worten: Nicht nur die Intensität der Benutzung, sondern auch die Zugänglichkeit des Vermittlungsamts muß abgestuft werden, wenn man zu einer den Anforderungen der Ökonomie entsprechenden Gleichmäßigkeit in der Belastung des Vermittlungsamts und zu einer befriedigenden Tarifbildung gelangen will.

Von sechs Sprechstellen, von welchen jede mit eigener Leitung angeschlossen ist, können in ein und demselben Augenblick sechs Anrufe an das Vermittlungsamt gelangen. Sind dagegen die sechs Sprechstellen in gemeinsamer Leitung angeschlossen, so sind sechs aufeinander folgende Anrufe aus dieser Leitung mindestens um die Dauer eines Gesprächs voneinander getrennt. Die Erledigung der sechs ersten Aufträge muß sich in ca. 20 Sek. vollziehen, während die Erledigung der sechs anderen Anrufe bei einer mittleren Gesprächsdauer von drei Minuten im ungünstigsten Fall sich auf 15 Min. erstreckt, also eine 45 mal geringere Intensität der Leistung des Vermittlungsamts beansprucht. In Wirklichkeit wird die Beanspruchung des Vermittlungsamts in letzterem Falle aber noch wesentlich geringer sein, denn das Verkehrsbedürfnis der Inhaber von Sechstelanschlüssen wird so verschieden als möglich sein. So ist es gar nicht ausgeschlossen, daß sich die von einer Leitung derart beanspruchten Verbindungen ganz oder nahezu gleichmäßig auf die ganze Dienstzeit des Vermittlungsamts verteilen. Eine ähnliche, wenn auch natürlich in abnehmendem Maße ausgleichende Wirkung hat in den übrigen Gruppen der Umstand, daß die Zugänglichkeit des Vermittlungsamts für jede Sprechstelle der Anzahl der in die gemeinsame Leitung eingeschalteten Stellen entsprechend beschränkt ist.

Betrachten wir nun den Einfluß, welchen der Umstand, daß beim vollautomatischen Betrieb gemeinsamer Leitungen der Anruf seitens des Amts unmittelbar in der gerufenen Sprechstelle erscheint und daß nach Beendigung des Gesprächs das

Schlußzeichen im Amt ebenfalls unmittelbar und selbsttätig gegeben wird, auf den Betrieb des Vermittlungsamts übt.

Es ist klar, daß hinsichtlich des eigentlichen Gesprächs kein Unterschied in der Beanspruchung des Vermittlungsamts und der übrigen Betriebsmittel besteht, ob die Sprechstelle in einer vollautomatisch betriebenen Anschlußleitung oder im Anschluß einer Hauptstelle gegenwärtiger Art mit Handbedienung liegt. Der Unterschied zeigt sich vielmehr nur in den dem Beginne eines Gesprächs vorangehenden und dem Ende folgenden Vorgängen.

Im Falle des vollautomatischen Betriebs antwortet die gerufene Sprechstelle sofort, wie irgendeine mit eigener Leitung angeschlossene Sprechstelle.

Im andern Falle wird die Antwort so lange verzögert, als der Inhaber der Hauptstelle zur Entgegennahme des Auftrags des Vermittlungsamts — die Betriebsform, daß der rufende Teilnehmer selbst das Glockenzeichen zu dem gewünschten entsendet, kann nicht in Betracht kommen —, zur Herstellung der Verbindung zwischen der gemeinsamen Anschlußleitung und der Leitung der verlangten Nebenstelle und zum Aufruf der letzteren Zeit braucht.

Diese Zeit kann im Durchschnitt nicht unter dreißig Sekunden geschätzt werden.

Das selbsttätige Schlußzeichen einer vollautomatisch betriebenen Nebenstelle wirkt im Amte, wie wenn eine direkt angeschlossene Sprechstelle sofort nach Beendigung des Gesprächs das Schlußzeichen gegeben hätte. Die Trennung im Amte erfolgt sofort, die betreffende Leitung ist an allen Arbeitsplätzen wieder als frei gekennzeichnet.

Im anderen Falle ist das Schlußzeichen im Amte und in der Hauptstelle gleichzeitig in dem Augenblicke erschienen, als es von der Nebenstelle von Hand gegeben worden ist.

Im Amte wird die Verbindung sofort gelöst. Daß aber diese Lösung für den Gesamtbetrieb dieselbe Wirkung, die Anschlußleitung als in ihren Anfangszustand zurückgekehrt zu kennzeichnen habe, das hätte zur Voraussetzung, daß gleichzeitig in der Hauptstelle die Verbindung zwischen Anschlußleitung und Nebenstellenleitung aufgehoben wurde.

Der mittlere Zeitaufwand hierfür kann — äußerst gering angesetzt — ebenfalls nicht unter dreißig Sekunden angenommen werden.

In der Zeit aber, welche zwischen der Lösung der Verbindung im Amt und der Lösung in der Hauptstelle verfließt, erscheint die Leitung im Amt allgemein normal, obwohl sie es in Wirklichkeit nicht ist. Wird daher nun von irgendeiner Seite die Hauptstelle verlangt, so stellt das Amt unbedenklich die Verbindung her und ruft auf, es erscheint aber nicht die gewünschte Hauptstelle, sondern die vom vorigen Gespräch noch an die gemeinsame Anschlußleitung angeschlossene Nebenstelle. Die Bemühungen des rufenden Teilnehmers und des Amts waren vergebens und setzen sich oft endlos vergebens fort, die Hauptstelle zur Lösung der Verbindung zu veranlassen.

Herstellung und Lösung von Verbindungen von Nebenstellen erfordern demnach nach der Anordnung mit Handbetrieb gegenüber dem vollautomatischen Betrieb unter sonst gleichen Umständen mindestens eine Minute mehr für jede einzelne Verbindung. Bei durchschnittlich zwölf Gesprächen im Tage beträgt der Zeitverlust im Falle des gewöhnlichen Betriebs bei fünf Nebenstellen in der Leitung daher eine Stunde täglich. Während einer ganzen Stunde im Tage — sehr gering angeschlagen — erscheint daher die gemeinsame Anschlußleitung im Amte unnötig als besetzt und alle in dieser Zeit vom Amte auszuführenden Versuche, Verbindungen mit den Sprechstellen jener Anschlußleitung herzustellen, sind verlorene Arbeit, völlig nutzlose Beanspruchung der Betriebsmittel und des Personals des Vermittlungsamts.

Dabei haben wir, da es sich nach der oberen Grenze hin um ohnedies nur sehr unsichere Zahlen handelt, den Fall, daß eine Nebenstelle einer gemeinsamen Leitung mit einer Nebenstelle einer anderen gemeinsamen Leitung verkehrt, gar nicht ausgeschieden, wie wir auch sämtliche Gespräche der Nebenstellen als ankommende angenommen haben.

Es ergibt sich aus vorstehendem, welch weitgehende Entlastung des Vermittlungsamts durch den vollautomatischen Betrieb gemeinsamer Anschlußleitungen erreicht werden kann. Weitere Mittel zu gleichem Zweck werden wir im nächsten Abschnitt kennen lernen.

Was nun die Wirkung des wahlweisen Anrufs auf die Rentabilität der Fernleitungen anlangt, so ist zwischen dem vollautomatischen Betrieb der Teilnehmerleitungen und der Anwendung des wahlweisen Anrufs auf den Fernleitungen selbst zu unterscheiden.

In der Beurteilung der Wirkung der vollautomatisch betriebenen Teilnehmerleitungen spielt zunächst die rechtliche Stellung des Nebenstelleninhabers eine Rolle. Wir haben gesehen, daß in der heutigen Organisation der Inhaber der Hauptstelle in jeder Beziehung der Verwaltung gegenüber für den Nebenstelleninhaber haftet, die Nebenstelle nur als ein Bestandteil der Einrichtung des Hauptstelleninhabers existiert. Daraus folgt, daß ein Nebenstelleninhaber Ferngespräche nur insoweit verlangen kann, als der Inhaber der Hauptstelle für die Bezahlung der hierfür zu zahlenden Gebühren der Verwaltung gegenüber gut steht. Der Nebenstelleninhaber wird für jedes von ihm veranlaßte von dem Hauptstelleninhaber vermittelte Ferngespräch des letzteren Schuldner.

Dieses Verhältnis kommt einer mehr oder minder starken Einschränkung der Zugänglichkeit des Fernverkehrs für den Inhaber der Nebenstelle gleich, wirkt also auf alle Fälle beeinträchtigend auf die Rentabilität des ganzen Betriebs der Fernleitungen.

Aber auch insofern die Vermittlung eines Ferngesprächs für eine Hauptstelle dem Inhaber der letzteren erhöhte Aufmerksamkeit und Verantwortlichkeit auferlegt, wird die Neigung des Hauptstelleninhabers zu solcher Vermittlung gemäßigt und die Zugänglichkeit des Fernverkehrs für den Nebenstelleninhaber wesentlich verringert.

Der Rentabilität der Fernleitungen kommen ferner alle die technischen Eigentümlichkeiten, welche die Überlegenheit des vollautomatischen Betriebs gemeinsamer Anschlußleitungen gegenüber dem üblichen Nebenstellenbetrieb begründen, in gleichem Maße zugute wie der Rentabilität der Ortsnetze mit der Maßgabe, daß die Herabsetzung der zur Herstellung und Lösung einer Fernverbindung unerläßlichen Zeit finanziell unmittelbarer und ausgiebiger ins Gewicht fällt.

Diese Ersparnis ist selbstverständlich bei den längsten, daher kostbarsten und in der Regel sehr überlasteten Fernleitungen am wichtigsten, wogegen die eben erwähnte erhöhte Zugänglichkeit in den Hintergrund tritt, soweit der Verkehr auf den langen, direkten Fernleitungen ins Auge gefaßt wird.

Liegen zwei Ortsnetze auf der Verbindungslinie zwischen zwei größeren Ortsnetzen und sollen die beiden ersteren in den Fernverkehr mit den beiden letzteren einbezogen werden, so wird meist so verfahren, daß von dem dem größeren benachbarten, kleineren Netze eine direkte Verbindung längs des Leitungszuges der die beiden größeren Netze verbindenden Fernleitung hergestellt wird. Wenn demnach die beiden kleineren Netze miteinander verkehren wollen, so geschieht dies so, daß die beiden direkten Leitungen der kleineren Netze zu den größeren mit der die beiden größeren Netze verbindenden Fernleitung verbunden werden.

Wenn dagegen die beiden kleineren Ortsnetze in die die größeren verbindende Fernleitung eingeschaltet würden, so ist klar, daß die Leitungen von den kleineren zu den größeren Netzen erspart werden könnten. Werden dann die Einrichtungen noch in der Seite 49 u. fgde. geschilderten Art getroffen, dann kann — die Fernleitung zwischen den beiden größeren Netzen sei durch die Einschaltung der zwei kleineren Netze in drei Abschnitte von je 50 km Länge zerlegt worden — ein Ferngespräch zwischen den beiden kleineren Netzen schon mit einem Aufwand von 50 km geführt werden, während bei der erstgenannten Verbindungsart für jedes derartige Gespräch 250 km oder das Fünffache an Leitungsmaterial in Anspruch genommen sind.

Nicht genug damit: Die 250 km Leitung des letzteren Falles können zur selben Zeit nur ein einziges Ferngespräch fortführen, im anderen Falle dagegen können auf den 150 km Leitung gleichzeitig drei Gespräche stattfinden, nämlich das Gespräch zwischen den beiden kleineren Netzen und je ein Gespräch zwischen einem größeren Netze und seinem benachbarten kleineren. Das bedeutet: 150 km Leitung leisten in dem einen Fall das Dreifache von dem, was in dem anderen 250 km leisten, die Leistung der Längeneinheit ist verfünffacht.

Die durch die gemeinsame Benutzung ein und derselben Fernleitung durch mehrere Ortsnetze ermöglichte größere Leitungsausnutzung ist für die Gesamtfrage der Rentabilität des Fernleitungsbetriebs von um so größerer Bedeutung, als das Schwergewicht dieser Frage sich fortwährend und stark gegen den Einfluß der kürzeren, die kleineren Ortsnetze in den allgemeinen Fernverkehr einbeziehenden Fernleitungen verschiebt. Während nämlich die Zahl der langen Fernleitungen verhältnismäßig klein ist und langsam anwächst, der Verkehr auf denselben stark, die Rentabilität genügend und gesichert ist, wächst die Anzahl der kurzen Fernleitungen verhältnismäßig rasch und damit der Bruchteil von Fernleitungen, welche mit geringer, zweifelhafter schwankender Rentabilität, ja mit direktem Verlust arbeiten.

Bildet dagegen — wir kehren zu dem eben besprochenen Fall zurück — eine Fernleitung, welche in gewöhnlicher Art betrieben unrentabel wäre, einen Bestandteil einer von mehreren Netzen gemeinsam benutzten Fernleitung, so kann dadurch, daß

sich der Verkehr der übrigen Leitungsabschnitte unter mehr oder
minder häufiger Inanspruchnahme des an sich unrentablen Abschnittes abspielt, eine völlig befriedigende Rente des letzteren
sich ergeben.

Dabei hindert nichts, daß bei lebhaftem Verkehr der beiden
größeren Ortsnetze unter sich noch eine der gemeinsamen Fernleitung parallele direkte Verbindung der beiden größeren Netze
angelegt werde. Letztere kann dann auch in Fällen der Über-
lastung der gemeinsamen Fernleitung in mannigfacher Kombination
mit Abschnitten der gemeinsamen Fernleitung zur Bewältigung
des Verkehrs der letzteren herangezogen werden.

Die direkte Verbindung und die gemeinsame Fernleitung
wirken so in einfachster Weise zusammen, die Rentabilität der
Gesamtheit der beiden Leitungen zu erhöhen.

So können an die beiden größeren Ortsnetze angeschlossene
gemeinsame Fernleitungen die Herstellung von direkter Verbindung zwischen den beiden größeren Netzen rechtfertigen, welche
Anlage ohne das Dasein jener gemeinsamen Fernleitungen mit
einer mehr oder minder großen Anzahl von kleineren Ortsnetzen
nicht begründet werden könnte.

Es bleibt noch die Arbeitsersparnis zu erwähnen, welche
sich daraus ergibt, daß bei der Einschaltung mehrere Ortsnetze
in eine gemeinsame Fernleitung mit wahlweisen Anruf der Verkehr der in die gemeinsame Fernleitung einbezogenen Ortsnetze
unter sich ohne Beihilfe eines größeren Ortsnetzes sich vollzieht.

Endlich ist noch die Frage nach den Kosten der Einrichtung
und des Betriebs gemeinsamer Fernleitungen zu berühren. Wie
aus der Erörterung der technischen Seite der Frage sich ergeben
hat, sind die Betriebsmittel und -vorgänge so einfach, daß diese
Kosten gegenüber den Herstellungs- und Unterhaltungskosten
der Leitungen und Amtseinrichtungen nicht in Betracht kommen.

VII. Die direkten Verbindungen in Ortsnetzen und die automatischen Vermittlungsämter.

Drängt die technische und wirtschaftliche Entwicklung nun
auch deutlich sichtbar der gemeinsamen Benutzung ein und
derselben Leitung durch mehrere Teilnehmer eines Ortsnetzes
zu, so ist anderseits eine Tendenz in entgegengesetzter Richtung
nicht zu verkennen.

In jedem Ortsnetze gibt es Gruppen von Teilnehmern, deren Bedürfnis sich nahezu oder ganz auf den Verkehr innerhalb der Gruppe beschränkt, die mit anderen Teilnehmern wenig oder gar nicht verkehren. Wären die einzelnen Teilnehmer einer solchen Gruppe durch direkte Leitungen miteinander verbunden, so wäre ihrem Bedürfnisse im wesentlichen entsprochen, die gesamten Einrichtungen im Vermittlungsamt, welche zur Ermöglichung dieses Verkehrs vorzusehen sind, könnten entbehrt werden, die ganze von dem Vermittlungsamt für Herstellung und Lösung der innerhalb dieser Gruppe nötigen Verbindungen aufzuwendende Arbeit wäre erspart.

In jedem größeren Privattelephonnetz findet dieser Sachverhalt seinen Ausdruck dadurch, daß diejenigen Sprechstellen, welche seltener miteinander zu verkehren haben, an das Privatamt angeschlossen sind, die übrigen in Gruppen zusammengefaßt sind, deren Angehörige durch direkte Leitungen verbunden sind.

Gehen wir von einem einfachsten Fall aus: Der Teilnehmer A befinde sich in einer Entfernung von 10 km vom Vermittlungsamt, 0,5 km von ihm entfernt, gleichfalls 10 km vom Vermittlungsamt befinde sich der Teilnehmer B. Die beiden Teilnehmer haben keinerlei Bedürfnis, mit irgend einem anderen Teilnehmer des Ortsnetzes telephonisch zu verkehren, sondern wünschen nur unter sich zu sprechen. Für die Befriedigung dieses Bedürfnisses sind 20 km Leitung und zwei Anschlüsse an das Vermittlungsamt erforderlich. In letzterem sind für beide Anschlüsse an sämtlichen Arbeitsplätzen Klinken — sagen wir bei hundert Arbeitsplätzen hundert Klinken mit allem Zubehör — erforderlich. Von allen diesen Veranstaltungen, welche es ermöglichen sollen, daß die Teilnehmer A und B mit den übrigen Teilnehmern des Netzes verkehren können, sind aber 99 % überflüssig, da die beiden Teilnehmer A und B voraussetzungsgemäß von jener Möglichkeit keinen Gebrauch machen.

Der Verkehr der beiden Teilnehmer unter sich sei aber lebhaft und betrage 10000 Gespräche im Jahr.

Dann wird der Betrieb um diese 10000 Verbindungen, die Unterhaltung von zwei Anschlüssen an das Amt, von 19,5 km Leitung, das Anlagekonto um die Einrichtungskosten zweier Anschlüsse und den Bau von 19,5 km Leitung entlastet, wenn die beiden Teilnehmer A und B durch eine direkte Leitung verbunden werden.

Die Befriedigung des vorliegenden Bedürfnisses, welche bei Anschluß der beiden Sprechstellen an das Vermittlungsamt der Verwaltung je nach Umständen 400—500 ℳ im Jahre, den Teilnehmern aber 600 ℳ jährlich bei einer Anschlußgebühr von 150 ℳ für 5 km Anschlußleitung kosten würde, könnte um den zehnten Teil dieses Betrages erreicht werden.

Wenn in den Anfängen des Fernsprechwesens eine solche Art der Befriedigung des Bedürfnisses von den Verwaltungen nicht zugelassen wurde, um einem neu zu errichtenden Ortsnetz eine genügende Anzahl von Teilnehmern zu sichern, so liegt ein ähnlicher Grund heutzutage nicht mehr vor, im Gegenteil handelt es sich heute vielmehr darum, die immer größer anschwellende Masse der Abonnenten nach Art und Umfang ihres Bedürfnisses zu gruppieren. Am allerwenigsten besteht ein Anlaß, Teilnehmer, deren Verkehrsbedürfnis im Rahmen des staatlichen Leitungsnetzes aber ohne die Beihilfe des Vermittlungsamts befriedigt werden kann, in dem Verband des letzteren festzuhalten.

Der nächste Fall ist der, daß mehr als zwei Teilnehmer eine Gruppe bilden, welche keinerlei Interesse hat, mit anderen als Gruppenangehörigen zu verkehren.

Hierbei sind wieder zwei Fälle zu unterscheiden: Entweder die Angehörigen der Gruppe haben nur mit einem einzigen der Gruppe oder auch unter sich zu verkehren. Im ersteren Falle würde es genügen, wenn von allen Teilnehmern zu jenem Einzigen je eine direkte Verbindung hergestellt würde. Im anderen Falle könnten folgende Maßnahmen einzeln oder kombiniert angezeigt sein. Entweder es werden alle Stellen oder nur ein Teil derselben mit direkten Leitungen unter sich verbunden, oder es werden sämtliche Teilnehmer an Einen angeschlossen, bei welchem ein kleines Vermittlungsamt eingerichtet wird, oder es wird nur ein Teil der Sprechstellen an das erwähnte kleine Vermittlungsamt angeschlossen, während der Rest durch direkte Leitungen miteinander verbunden wird.

In dem Falle, daß die Angehörigen einer Gruppe nur mit einem Einzigen, nicht aber unter sich zu verkehren haben, wäre die direkte Verbindung zweckmäßig durch eine gemeinsame Leitung mit wahlweisem Anruf von dem Ende des Einzigen aus herzustellen.

Ist dagegen ein Vermittlungsamt einzurichten, so ist hierfür, da es sich selbst in sehr großen Netzen nur um die Zusammenfassung von 100 bis 200 Stellen zu einer Gruppe handeln kann, der automatische Betrieb vorzusehen.

Kehren wir zu dem ersten Falle der zwei Teilnehmer zurück und nehmen wir an, daß der eine oder beide einen, wenn auch

sehr geringen Verkehr mit anderen Teilnehmern des Ortsnetzes
haben. Hier kommt in erster Linie die Hintereinanderschaltung
der beiden Sprechstellen mit wahlweisem Anruf in Betracht.
Aber selbst wenn die beiden Teilnehmer aus irgend welchem
Grunde je eine eigene Anschlußleitung verlangen, so entsteht
doch für die Betriebsleitung die Frage, ob sie nicht zweckmäßig
zwar die beiden verlangten Leitungen gegen die vorgeschriebene
Gebühr zur Verfügung stellen, außerdem aber noch eine direkte
Leitung zwischen den beiden Teilnehmern, vielleicht umsonst,
vielleicht gegen geringe Entschädigung einrichten soll, um die
10 000 Gespräche der beiden Sprechstellen unter sich von dem
Vermittlungsamt fernzuhalten.

Da ein Gespräch, durch das Amt vermittelt, ca. 0,5 Pf.
Betriebskosten verursacht, so würde jene Fernhaltung in unserem
Falle eine Ersparnis von 50 M. jährlich mit sich bringen oder
die Herstellung einer direkten Leitung nicht von 0,5 sondern
ca. 5 km rechtfertigen.

Bei entsprechender gegenseitiger Lage der Sprechstellen
einer Gruppe des zweiterwähnten Falles könnten mit dieser
5 km-Leitung schon sechs Teilnehmer zur Gruppe mit je 1 km
direkter Verbindungsleitung zusammengefaßt werden. Die Verkehrsintensität des einzelnen Angehörigen solcher Gruppen
brauchte schon nicht mehr als 1666 Gespräche im Jahre zu
betragen, um die Herstellung direkter Verbindungen auch dann
zu rechtfertigen, wenn daneben noch je ein Anschluß ans Amt
für die Teilnehmer dieser Gruppe bestünde.

Diese Zahlen zeigen, welch wirksames Mittel zur Entlastung
der Vermittlungsämter in der Anwendung direkter Verbindungen
gegeben ist.

Die direkte Verbindung kann noch in anderer Weise ausgleichend wirken. Denken wir uns einen Teilnehmer, der einen
lebhaften Verkehr mit einem anderen Teilnehmer, aber nur
einen mehr oder minder beschränkten Verkehr mit den übrigen
Teilnehmern des Netzes hat und nehmen wir an, daß der leb-
hafte Verkehr über eine direkte Verbindung abgewickelt wird.
Dann ist es möglich, daß der erstgenannte Teilnehmer, obwohl
er im ganzen einen lebhaften Verkehr hat, doch mit einer mehr
oder minder großen Anzahl anderer Teilnehmer in eine gemein-
schaftliche Leitung mit wahlweisem Anruf einbezogen werde.
Und in gleicher Weise kann auch der andere Teilnehmer in
eine andere Leitung dieser Art einbezogen sein.

In dieser Verbindung der gemeinsamen Leitungsbenutzung und der direkten Verbindung ist ein Prinzip gegeben, dessen Fruchtbarkeit für die Ablenkung des Verkehrs vom Vermittlungsamt kaum überschätzt werden kann.

Wo ein Vermittlungsamt einzurichten ist, muß der automatische Betrieb, wie erwähnt, zugrunde gelegt werden. Die Gründe sind dieselben wie in dem Falle der Nebenstellen, wirken hier jedoch noch mit zwingenderer Kraft. Es bedarf kaum der Erwähnung, daß die an ein automatisches Amt angeschlossenen Teilnehmer teilweise noch unter sich oder mit anderen Teilnehmern des Ortsnetzes oder mit dem allgemeinen Vermittlungsamt direkt verbunden sein können. Das Bedürfnis der an ein automatisches Amt angeschlossenen Teilnehmer mit anderen Teilnehmern des Ortsnetzes zu verkehren, kann auch dadurch befriedigt werden, daß Verbindungen von dem automatischen Amt zu dem oder den allgemeinen Ämtern eingerichtet werden. Endlich können die automatischen Vermittlungsämter auch unter sich verbunden sein.

Es erübrigt noch einige prinzipielle Bemerkungen über die automatischen Vermittlungsämter anzufügen.

Die Herstellung und Lösung der Verbindungen in einem Fernsprechvermittlungsamt ist eine so überaus einfache Sache, daß es nicht zu verwundern ist, daß die Versuche, diese Arbeit der Mitwirkung menschlicher Arbeitskräfte zu entziehen und automatisch wirkenden Mechanismen zu übertragen, bereits in die ersten Anfänge des Fernsprechwesens zurückreichen. So wurde beispielsweise von dem Verfasser dieser Zeilen bereits im Jahre 1883 ein System dieser Art entworfen. Seitdem wurden die diesbezüglichen Bestrebungen namentlich in Amerika und unter Aufwand großartiger Hilfsmittel zu einem gewissen Erfolge geführt. In erster Linie ist es das in seinen Grundzügen schon seit einer Reihe von Jahren feststehende System von B. Almon Strowger, das es zu praktischer Anwendung, wenn auch in beschränktem Maße, gebracht hat.

Die Aufgabe, welche das automatische Vermittlungsamt zu erfüllen hat, unterscheidet sich in nichts von jener, welche dem Vermittlungsamt mit Handbetrieb obliegt. Sie besteht einfach in der Herstellung und Lösung der Verbindungen zwischen den einzelnen an das Amt angeschlossenen Teilnehmerleitungen.

Sehen wir zu, welcher Mittel sich das System Strowger zur Lösung dieser Aufgabe bedient. Die Teilnehmerleitungen führen in gewöhnlicher Weise zum Vermittlungsamt. Die Lei-

tungen sind Doppelleitungen, welche am Teilnehmerapparat an
Erde gelegt werden können. Jede Teilnehmerleitung führt im
Amte an ein Schaltwerk, welches von dem Teilnehmer vermittelst
einer im Amte aufgestellten, für alle Teilnehmer gemeinsamen
Batterie durch seine Anschlußleitung in Tätigkeit gesetzt wird.
Die Betätigung des Schaltwerks geschieht durch Drehen einer
am Teilnehmerapparat angebrachten Nummernscheibe, durch
welche, der Drehung der Scheibe entsprechend, eine mehr oder
minder große Anzahl von Stromstößen in der Leitung erzeugt
werden. Unter der Wirkung der letzteren legen zwei mit der
Anschlußdoppelleitung verbundene Kontaktstücke einen mehr
oder minder langen Weg zurück. Längs dieses Weges sind
Kontaktstücke, welche mit den Anschlußleitungen der übrigen
Teilnehmer verbunden sind, derart angebracht, daß das von dem
Schaltwerk längs dieses Weges hingeführte Paar von Kontakt-
stücken mit jedem Paar der ruhenden, mit je einer anderen
Teilnehmerleitung verbundenen Kontaktstücke in Berührung
gebracht und so die an das Schaltwerk angeschlossene Teil-
nehmerleitung mit jeder anderen verbunden werden kann.

Durch Einhängen des Telephons nach Beendigung des Gesprächs werden in der Teilnehmerstelle beide Äste der Doppelleitung vorübergehend an Erde gelegt, wodurch im Amte ein
Elektromagnet erregt wird, welcher das Schaltwerk in seine Aus-
gangsstellung zurückführt und damit die Verbindung wieder löst.

Ist die Leitung, deren Anschluß an die eigene Leitung
durch einen Rufenden versucht wird, bereits durch ein anderes
Schaltwerk an eine andere Teilnehmerleitung angeschlossen, so
gibt sich das durch ein im Telephon des rufenden Teilnehmers
auftretendes Geräusch kund. Außerdem sorgt eine Sperrvor-
richtung dafür, daß der erwähnte Anschlußversuch die bereits
bestehende Verbindung des gewünschten Teilnehmers mit einem
anderen nicht stören kann.

Man sieht, das Strowgersystem ist ein Einschnursystem mit
Multiplexbetrieb, in welchem der Teilnehmer die Arbeit der Telephonistin übernommen und das volle Klinkenfeld zur Verfügung hat.

Hieraus ergibt sich zunächst: Für Herstellung und Lösung
irgend einer Verbindung kommt immer nur das Schaltwerk des
rufenden Teilnehmers in Verwendung, d. h. 50% der Schaltwerke
nebst Zubehör sind ständig unbenutzt, lediglich aus diesem
Grunde. Bedenkt man aber, daß in einem Fernsprechamt zur
selben Zeit höchstens 20—25% der angeschlossenen Teilnehmer

sich im Gespräche befinden, so steht man vor der Tatsache, daß in Wirklichkeit in einem nach dem System Strowger eingerichteten Amt von den wesentlichen Betriebsmitteln, den Schaltwerken und Kontaktsätzen nebst Zubehör ständig 87,5—90 % unbenutzt bleiben.

Der hierin liegende Verstoß gegen alle Regeln einer wirtschaftlichen Gestaltung fällt um so schwerer ins Gewicht, als die Schaltwerke, Kontaktsätze, Ausschluß- und Trennvorrichtungen äußerst verwickelte, vielgliedrige, in Herstellung und Unterhaltung sehr kostspielige Apparate sind. Die Wirkung dieses Mißverhältnisses nimmt ferner selbstverständlich nicht im geraden Verhältnis mit der Anzahl der an das Amt angeschlossenen Teilnehmer, sondern rascher als diese Anzahl zu.

Wenn trotzdem das Strowgersystem in Amerika zu einer gewissen praktischen Bedeutung gelangt ist und der Anspruch erhoben wird, daß es gerade für die größten Ämter am meisten zu empfehlen sei, so ist das in Umständen begründet, welche außerhalb Amerikas nicht wiederkehren.

In erster Linie ist der hohe Wert der menschlichen Arbeitskraft zu nennen, dann befindet sich dort das gesamte Fernsprechwesen in der Hand der Privatindustrie, welche für ein besseres, ja schon für ein apartes Telephon Teilnehmergebühren erzielt in einer Höhe, an welche sonst nirgends gedacht werden kann. Wenn endlich die größten Anlagen als die geeignetsten in Anspruch genommen werden, so ist wohl die Erklärung dafür einfach darin zu suchen, daß nur, wenn die für ein automatisches Amt vom Typus Strowger immer wiederkehrenden einzelnen Apparate und Apparatteile nach Millionen angefertigt werden müssen, ein Herstellungspreis erreicht werden kann, welcher auch die größte prinzipielle Verschwendung erlaubt erscheinen läßt.

Sehen wir nun nach dem Vorstehenden in dem System Strowger, welches auf den völlig veralteten Ideen des Einschnur- und Multiplexbetriebs aufgebaut ist, keine Ausgestaltung des Gedankens des automatischen Vermittlungsamts, welche eine Verwertung im Rahmen unserer bisherigen Betrachtungen für eine rationelle Einrichtung öffentlicher Fernsprechnetze versprechen könnte, so fehlt es doch nicht an Systemen, welche, auf modernen Anschauungen beruhend, dem automatischen Betrieb im Fernsprechwesen jene Bedeutung verschaffen zu können scheinen, zu welcher er offensichtlich berufen ist.

Das automatische Telephonsystem von Friedrich Merk geht von Erwägungen aus, welche der Verfasser dieser Zeilen Seite 525

und 546 der Elektrotechnischen Zeitschrift vom Jahre 1898 unter
der Aufschrift: »Die Grundlagen des Betriebs der Fernsprechnetze« ausgesprochen hat, und welche zum ersten Male auf das
Unrationelle in den Grundlagen großer Vermittlungsämter mit
Vielfachbetrieb und auf die Bedeutung direkter Verbindungen
nachdrücklich aufmerksam machten.

Wenn schon in den großen Vermittlungsämtern mit der
gewöhnlichen Einrichtung des Vielfachbetriebs in der Schaffung
der technischen Möglichkeit, daß jeder angeschlossene Teilnehmer
mit jedem anderen verkehren kann, ja an jedem Arbeitsplatz
des Amts mit jedem anderen verbunden werden kann, eine
Möglichkeit, welche aber in Wirklichkeit gar nicht bestehen
kann, ein ungeheurer Ballast an Betriebseinrichtungen, welcher
zu dauernder Unbenutztheit verdammt ist, mitgeschleppt werden
muß, so ist dies, schließt Merk, um so mehr für automatische
Ämter und im höchsten Maße für automatische Ämter von dem
Typus Strowger der Fall. Nicht die Zusammenfassung einer
möglichst großen Anzahl von Teilnehmern zu einem Amt, deren
Verkehrsbedürfnis naturgemäß zwischen den weitesten Grenzen
schwankt, sondern die Vereinigung einer kleineren Zahl von
Sprechstellen mit möglichst intensivem und gleichmäßigem Verkehrsbedürfnis müsse den Ausgangspunkt für den Entwurf der
technischen Grundzüge einer Lösung der Aufgabe bilden. Selbst
in dieser Beschränkung könne nicht davon die Rede sein, daß
jedem Angeschlossenen ständig ein eigener Schaltapparat zur
Verfügung gestellt werde. Es genüge, wie in den Zweischnur-
systemen die Stöpselschnur so die Schaltwerke getrennt von
den Teilnehmerleitungen und nur in einer dem wirklichen Verkehrsbedürfnis entsprechenden Anzahl vorzusehen und das einzelne Schaltwerk je nach Bedarf von verschiedenen Teilnehmern
benutzen zu lassen. Ferner erhebt Merk die Forderung, daß das
Schaltwerk durch den Teilnehmer nur ausgelöst und stillgestellt,
nicht aber über seinen ganzen Weg durch die Tätigkeit des
Teilnehmers hingeführt werde.

In der Tat läßt sich mit diesen Grundsätzen eine Lösung
der Aufgabe erzielen, welche hinsichtlich der Einfachheit der
Apparate, der Billigkeit und Betriebssicherheit allen Anforde-
ungen genügt.

Damit ist aber die Möglichkeit, den automatischen Betrieb
im Sinne der obigen Ausführungen dazu heranzuziehen, den Verkehr mehr oder minder zahlreicher, mehr oder minder großer
Teilnehmergruppen in einem großen Netze aus dem allgemeinen

Verkehr herauszuheben und von dem Verkehr des allgemeinen Vermittlungsamts fernzuhalten, in ausgiebigem Maße gegeben.

Wir haben gesehen, daß der automatische Betrieb des Vermittlungsamts nur bei einer bestimmten Verkehrsintensität zweckmäßig wird. Dieser Umstand weist darauf hin, Sprechstellen, deren Verkehr sonst den Anschluß an ein automatisches Amt des Netzes empfehlen würde, zu mehreren in ein und derselben Leitung zusammenzufassen und an das automatische Amt anzuschließen und so das für eine Anschlußleitung an ein solches Amt erforderliche Mindestmaß des Verkehrs herzustellen.

Der wahlweise Anruf böte hierzu ein einfaches Mittel insbesondere für den Fall, daß die Sprechstellen, welche in ein und dieselbe Leitung zusammengefaßt sind, keinen Verkehr unter sich pflegen.

In Abschnitt VI haben wir den Einfluß der Verteilung der gesamten Teilnehmerzahl einer größeren öffentlichen Fernsprechanlage in Gruppen, von welchen die eine je eine Sprechstelle in einer Leitung, eine zweite je zwei Stellen usw, eine sechste je sechs Sprechstellen in der Leitung enthält auf die Ausnutzbarkeit einer gegebenen Menge von Betriebsmitteln insbesondere auf die Aufnahmefähigkeit eines Vermittlungsamts von gegebener Größe untersucht und gefunden, daß jene Verteilung und Zusammenfassung der Sprechstellen zu mehreren in ein und derselben Leitung die Aufnahmefähigkeit eines Amts von 5000 Anschlußleitungen auf 15 000 Sprechstellen erhöht.

In gleichem Sinne wirkt selbstverständlich die in gegenwärtigem Abschnitt erörterte Einfügung der direkten Verbindungen und der Gruppenzentralen mit automatischer Vermittlung unter die Betriebsmittel eines Ortsnetzes.

Der Einfluß der direkten Verbindungen in dieser Hinsicht kann kein großer sein, da die Anzahl der Teilnehmer, die gar kein Interesse haben in das Netz zu sprechen, nicht erheblich ist.

Anders liegt die Sache bei den automatischen Gruppenämtern. Hier ist anzunehmen, daß für je zehn an solche Gruppenämter angeschlossene Teilnehmer eine Verbindungsleitung vom Gruppenamt zum allgemeinen Vermittlungsamt vollauf genügt. Je zehn dieser Teilnehmer würden daher erst einen Anschluß an das allgemeine Amt erfordern, während die nach der Gruppeneinteilung mit wahlweisem Anruf an das allgemeine Vermittlungsamt angeschlossenen Teilnehmer schon auf je 3,5 Teilnehmer einen Anschluß an letzteres beanspruchen. Es ergibt sich hieraus, welch außerordentliche Erhöhung der Aufnahmefähigkeit eines gegebenen Vermittlungsamts schon eine mäßige Anwendung der automatischen Gruppenämter mit sich bringt.

Wollte man beispielsweise die 15 000 Sprechstellen der Annahme des Abschnitts VI so verteilen, daß nur 5000 an automatische Gruppenämter, die übrigen 10 000 in den sechs Leitungsgruppen mit wahlweisem Anruf angeschlossen werden, so wären statt der sonst nötigen 5000 Anschlußleitungen an das allgemeine Vermittlungsamt nur 3360 erforderlich.

Wie bei den an das allgemeine Vermittlungsamt angeschlossenen Teilnehmern, kann auch für die an ein automatisches Gruppenamt angeschlossenen der Fall vorkommen, daß der Verkehr zweier dieser Teilnehmer unter sich so groß ist, daß es vorteilhaft ist, diesen Verkehr unbeschadet des Anschlusses an das automatische Amt durch eine direkte Verbindung zwischen den beiden Teilnehmern abwickeln zu lassen.

Da gerade bei Teilnehmern geringen Verkehrs dieser sich auf einen größeren Kreis von Korrespondenten zu erstrecken pflegt, ist die Zusammenfassung mehrerer Sprechstellen in ein und derselben Leitung für Anschlüsse an ein automatisches Gruppenamt auf eine geringere Anzahl als bei Anschlüssen an das allgemeine Vermittlungsamt beschränkt. So könnten an ein automatisches Gruppenamt mit 100 Anschlußleitungen 130—150 Sprechstellen angeschlossen werden. Diese Zahl würde der Anzahl von Anschlüssen entsprechen, welche eine Telephonistin bedienen kann.

Ein automatisches Amt dieses Umfangs, nach den oben entwickelten Grundsätzen eingerichtet, würde aber ca. 3000—4000 M. kosten, während die Ersparung einer Telephonistin einen Kapitalaufwand von ca. 20 000 M. rechtfertigen würde.

Mit anderen Worten: Die Anwendung automatischer Gruppenämter in größeren Ortsnetzen bietet ein sehr wirksames Mittel, das allgemeine Vermittlungsamt zu entlasten und demjenigen erheblichen Bruchteil des gesamten Verkehrs die Vorteile der automatischen Vermittlung zu sichern, welcher ihrer am meisten bedarf und für welchen er auch mit dem geringsten Aufwand und mit dem größten Nutzen erreichbar ist.

Daß endlich sowohl die direkten Verbindungen als auch die automatischen Gruppenämter in gleichem Sinne wie die Zusammenfassung mehrerer Sprechstellen in ein und dieselbe Leitung mit wahlweisem Anruf auf eine bessere Ausnutzung des Leitungsmaterials eines Ortsnetzes wirken, bedarf kaum der Erwähnung.

VIII. Allgemeine Form der Anlage und des Betriebs der Fernsprechnetze.

Im folgenden sollen nun die bisher gewonnenen Resultate zu einer Darstellung der allgemeinen Form der Anlage und des Betriebs der Fernsprechnetze zusammengefaßt werden.

a) Die Ortsnetze.

In einem Ortsnetze gibt es nach unseren obigen Ausführungen folgende verschiedene Arten von Leitungen:

1. Direkte Verbindungen zweier Sprechstellen. Dieselben zerfallen wieder in zwei Gruppen:

    a) Direkte Verbindungsleitungen, deren Sprechstellen keinen Anschluß an ein Vermittlungsamt haben.

    b) Direkte Verbindungsleitungen, deren Sprechstellen sämtlich oder teilweise Anschluß an ein Vermittlungsamt haben.

Die direkten Verbindungen ohne Anschluß an ein Vermittlungsamt enthalten entweder nur zwei oder mehr Sprechstellen. Desgleichen enthalten die direkten Verbindungen mit Anschluß an ein Vermittlungsamt entweder zwei oder mehr Sprechstellen.

2. Leitungen, deren eines Ende an ein Vermittlungsamt angeschlossen ist.

Diese Leitungen zerfallen wieder in zwei Gruppen:

    a) Leitungen, welche an das allgemeine Vermittlungsamt angeschlossen sind und

    b) Leitungen, welche an ein automatisches Vermittlungsamt angeschlossen sind.

Die Leitungen der ersten dieser Gruppen teilen sich wieder in sechs Unterabteilungen: Leitungen mit je einer, mit je zwei, mit je drei, mit je vier, mit je fünf, mit je sechs Sprechstellen.

Die Leitungen der zweiten Gruppe zerfallen in drei Unterabteilungen mit je einer, mit je zwei, mit je drei Stellen.

3. Leitungen, deren beide Enden an ein Vermittlungsamt angeschlossen sind.

Diese Leitungen teilen sich wieder in zwei Gruppen:

    a) Leitungen, welche ein automatisches Amt mit dem allgemeinen Vermittlungsamt verbinden und

    b) Leitungen, welche zwei automatische Ämter miteinander verbinden.

Die Sprechstellen zerfallen in folgende Arten:

1. Sprechstellen, deren Verkehr sich ohne die Mitwirkung eines Vermittlungsamts und

2. Sprechstellen, deren Verkehr sich unter Mitwirkung eines Vermittlungsamts vollzieht.

Die Sprechstellen der ersten Gruppe sind entweder einfache Stationen, wenn sie nur zu zweien am Ende einer direkten Verbindung eingeschaltet sind oder Stationen für vollautomatischen Betrieb mit wahlweisem Anruf, wenn sie in größerer Anzahl in eine gemeinsame Leitung zusammengefaßt sind.

Von einer einfachen Station für den Betrieb in direkten Verbindungen können eine oder mehrere solche direkte Verbindungen zu anderen Teilnehmern ausgehen. Im letzteren Falle erhält die einfache Station einen Zusatzapparat, welcher gestattet zu erkennen, von welcher der entfernten Teilnehmerstellen ein Ruf einläuft und ermöglicht, den eigenen Apparat mit der Leitung der rufenden Sprechstelle zu verbinden.

Die Sprechstellen, deren Verkehr sich unter Mitwirkung eines Vermittlungsamts vollzieht, zerfallen in folgende Arten:

a) Sprechstellen, welche an das allgemeine Vermittlungsamt mit Handbetrieb angeschlossen sind, und

b) Sprechstellen, welche an ein automatisches Amt angeschlossen sind.

Beide Arten von Sprechstellen sind entweder in eigener Leitung oder mit anderen Sprechstellen zusammen in gemeinsamer Leitung an das Vermittlungsamt angeschlossen.

Die an das allgemeine Vermittlungsamt angeschlossenen Sprechstellen können zugleich an eines oder an mehrere der automatischen Ämter angeschlossen sein. Die an ein automatisches Amt angeschlossenen Sprechstellen können zugleich an das allgemeine Vermittlungsamt angeschlossen sein.

Jede der an ein Vermittlungsamt — sei es das allgemeine oder irgend ein automatisches Vermittlungsamt — angeschlossenen Sprechstellen kann mit jeder anderen Sprechstelle des ganzen Ortsnetzes in direkter Verbindung stehen.

Die Vermittlungsämter zerfallen in ein allgemeines Vermittlungsamt mit Handbetrieb und in eine mehr oder minder große Anzahl automatischer Vermittlungsämter

Fig. 23 gibt ein Bild eines die verschiedenen Arten von Leitungen, Sprechstellen und Vermittlungsämter in je einem Muster enthaltenden Ortsnetzes.

a ist das allgemeine Vermittlungsamt mit Handbetrieb, *b*, *c*, *d* sind automatische Vermittlungsämter. Das automatische Amt *c* ist mit dem allgemeinen Amt *a*, die automatischen Ämter *b* und d sind unter sich, jedoch nicht mit dem allgemeinen Vermittlungsamt verbunden.

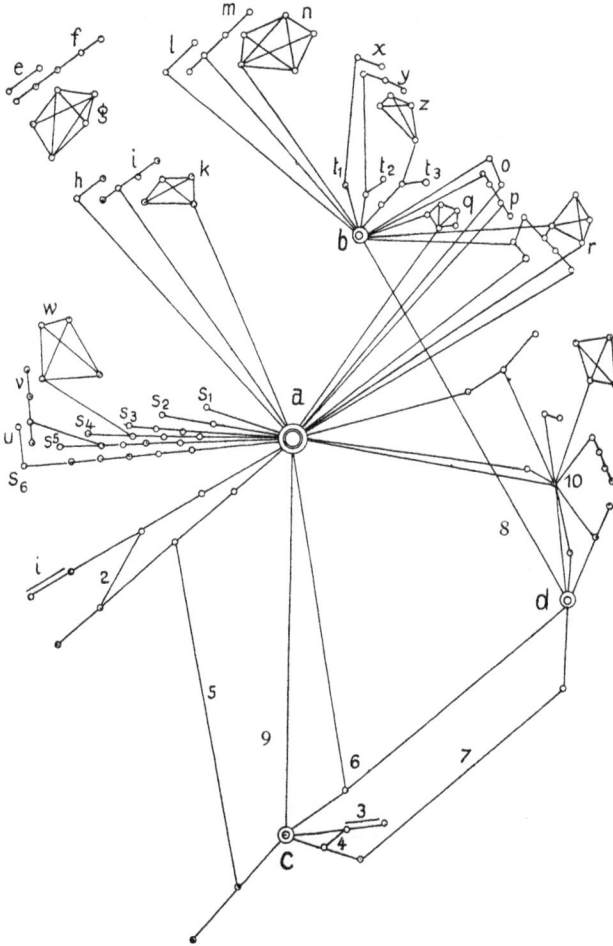

Fig. 23.

e ist eine einfache direkte Verbindung. In f sind 4 Stellen in eine gemeinsame Leitung mit vollautomatischem Betrieb und wahlweisem Anruf ohne Anschluß an ein Vermittlungsamt zusammengefaßt.

g ist eine Gruppe von fünf Sprechstellen, welche ohne Anschluß an ein Vermittlungsamt mit je einer eigenen Leitung direkt miteinander verbunden sind.

Unter *h* sind zwei Sprechstellen mit direkter Verbindung dargestellt, von welchen die eine außerdem an das allgemeine Vermittlungsamt angeschlossen ist.

i zeigt den Fall *f* mit Anschluß einer Sprechstelle an das allgemeine Vermittlungsamt, *k* den analogen Fall für die Kombination g.

l, m, n geben die *h, i, k* entsprechenden Fälle mit Anschluß einer Sprechstelle an ein automatisches Amt.

o, p, q zeigen von den Gruppen *e, f, g* eine Sprechstelle an das allgemeine, eine andere an ein automatisches Amt angeschlossen.

In *r* finden sich die Fälle *o, p, q* zu dem Fall erweitert, daß von einer Sprechstelle einer dieser Gruppen eine direkte Verbindung zu einer Sprechstelle einer anderen Gruppe besteht.

$s^1, s^2, s^3, s^4, s^5, s^6$ sind die an das allgemeine Vermittlungsamt angeschlossenen Leitungen mit 1, 2, 3, 4, 5, 6 Sprechstellen in der Leitung.

t^1, t^2, t^3 sind die an ein automatisches Amt angeschlossenen Leitungen mit 1, 2, 3 Sprechstellen in der Leitung.

u, v, w zeigen die Fälle *e, f, g* mit der Maßgabe, daß eine der Sprechstellen der Gruppen *e, f, g* mit einer Sprechstelle einer gemeinsamen, an das allgemeine Vermittlungsamt angeschlossenen Leitung direkt verbunden ist.

x, y, z, sind die analogen Fälle für die direkte Verbindung zu Sprechstellen, welche in gemeinsamer Leitung an ein automatisches Amt angeschlossen sind.

1 zeigt die direkte Verbindung zwischen zwei in gemeinsamer Leitung an das allgemeine Vermittlungsamt angeschlossenen Sprechstellen, 2 die direkte Verbindung zweier verschiedenen gemeinsamen Leitungen zum allgemeinen Vermittlungsamt angehörigen Sprechstellen.

3 und 4 geben die analogen Fälle für an automatische Ämter angeschlossene Sprechstellen.

5 zeigt die direkte Verbindung einer an das allgemeine Amt angeschlossenen Sprechstelle mit einer an ein automatisches Amt angeschlossenen.

6 ist eine Sprechstelle, welche sowohl an das allgemeine wie an die automatischen Vermittlungsämter *c* und *d* angeschlossen ist.

7 stellt eine direkte Verbindung dar zwischen zwei Sprechstellen, welche an die automatischen Vermittlungsämter *c* und *d*
angeschlossen sind.

8 ist eine Verbindungsleitung zwischen zwei automatischen
Ämtern, 9 eine Verbindungsleitung zwischen einem automatischen
Amt und dem allgemeinen Vermittlungsamt.

Der Punkt 10 bedeutet eine Sprechstelle, welche mit allen
im Ortsnetz möglichen Arten von Verbindungen ausgestattet ist.

In der Figur 23 mußten die einzelnen Sprechstellen der
Übersichtlichkeit halber meist in einer gegenseitigen Lage ge-
zeichnet werden, welche in Wirklichkeit nur in den seltensten
Fällen vorkommen wird.

Die einzelnen Sprechstellen, welche in dieselben Gruppen
oder dieselben Leitungen oder dieselben Vermittlungsämter
zusammenzufassen sind, werden sich vielmehr völlig unregelmäßig
über das ganze von dem Ortsnetze bedeckte Areal verstreut finden-

Dieser Sachlage könnte aber die vorwiegend übliche Gestaltung
des Leitungsnetzes, bei welcher die einzelnen Leitungsstränge im
wesentlichen radial vom Vermittlungsamt verlaufen, nicht aus-
reichend entsprechen.

Den strahlenförmig angelegten Leitungssträngen müßten
vielmehr in ausgiebigerer Weise als bisher mit dem allgemeinen
Vermittlungsamt konzentrische in mehr oder minder großen Abständen sich folgende Leitungsstränge zugefügt werden. Letztere
müßten mit den ersteren in beliebigen Abschnitten so verbunden
werden können, daß für eine beliebige zwischen zwei Punkten
herzustellende Verbindung ein Mindestaufwand an Leitungsmaterial
sich ergibt.

In Figur 24 ist ein Leitungsnetz unter dieser Annahme
dargestellt. Das von dem Leitungsnetz bedeckte Areal sei durch
acht von dem allgemeinen Vermittlungsamt strahlenförmig an-
gelegte und drei mit dem allgemeinen Vermittlungsamt konzentrisch
verlaufende Leitungsstränge in zweiunddreißig Felder geteilt.

a sei das allgemeine Vermittlungsamt, *b, b, b, b, b, b* seien
6 automatische Ämter.

An den Kreuzungsstellen zwischen radialen und konzentri-
schen Leitungssträngen sind die Hauptverteilungspunkte an-
geordnet.

Jede Verbindung, sei es zu den Vermittlungsämtern, sei
es direkt von Sprechstelle zu Sprechstelle, kann sich demnach
aus Abschnitten radialer und konzentrischer Leitungsstränge
zusammensetzen.

Wenn nun auch bei einem derart angelegten Leitungsnetze die Verteilung der Leitungen über das von der Anlage bedeckte Areal im wesentlichen von der Lage der einzelnen Sprechstellen abhängig wird, so ist doch augenfällig, in wie hohem Grade die Ver-

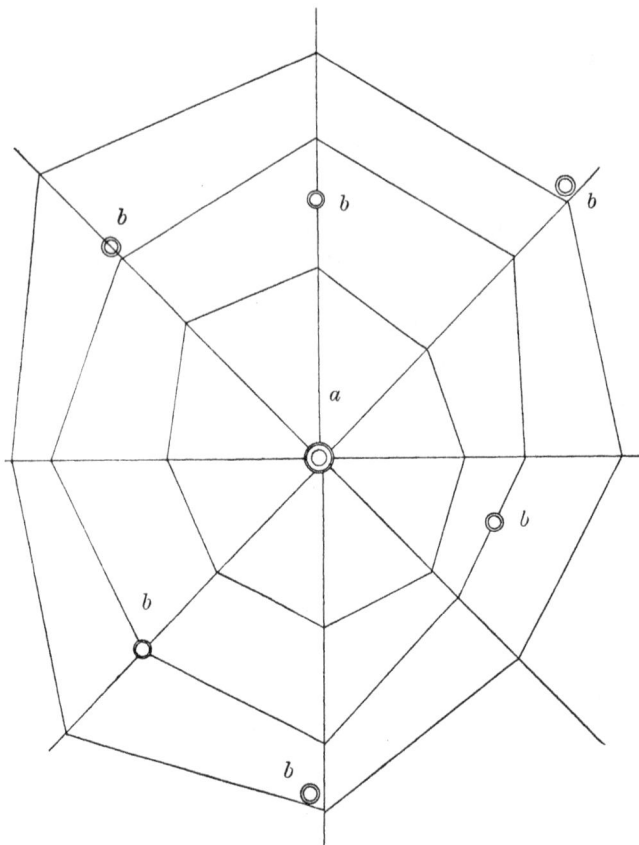

Fig. 24.

schiedenartigkeit der Verbindungen der einzelnen Sprechstellen auf eine gleichmäßige Dichtigkeit des Leitungsnetzes hinwirkt.

In gleicher Weise erhellt, wie die Vereinigung von radialen und konzentrisch verlaufenden Leitungssträngen die größtmögliche Ausnutzung einer gegebenen Menge von Leitungsmaterial zuläßt. Diese Möglichkeit erlaubt, nicht nur in einem gegebenen Netze mit einem Mindestmaß von Reserven auszukommen, sondern auch alle Erweiterungen in möglichst kleinen Schritten vorzunehmen.

Schreitet so der Ausbau eines nach diesen Grundsätzen angelegten Leitungsnetzes im engsten Anschluß an den wirklichen jeweiligen Bedarf fort, unnötigen Kapitalaufwand und wesentliche Irrtümer in der Bemessung von Vorräten ausschließend, so wird in einer Anlage derart insbesondere auch die Frage des Vermittlungsamts aller ihrer Schrecken beraubt.

Nähert sich nämlich bei der gegenwärtig noch vorwiegenden Betriebsart ein größeres Vermittlungsamt dem Ende seiner Aufnahmefähigkeit, so erhebt sich sogleich drohend die Frage, ob das vielleicht erst vor einigen Jahren mit einem Millionenaufwand eingerichtete Amt durch ein neues von doppelter Aufnahmefähigkeit mit einem Aufwand einer doppelten Anzahl von Millionen ersetzt werden soll. In den meisten Fällen muß die Frage in Ermangelung eines anderen Auswegs schweren Herzens bejaht werden. Dabei kann es sich treffen, wie es sich schon so oft getroffen hat, daß das neue Amt gerade in dem Augenblick, da es fertiggestellt in Betrieb genommen werden soll, durch ein neues System unserer in großen Amtseinrichtungen so fruchtbaren Industrie völlig überholt und am ersten Betriebstag bereits veraltet dasteht.

Durch die völlig haltlose Fiktion nämlich, daß das Vermittlungsamt die Möglichkeit herzustellen habe, daß jede Sprechstelle des Netzes mit jeder anderen verkehren könne, eine Möglichkeit, welche in einer größeren Anlage, auch wenn alle technischen Bedingungen hergestellt werden, weder wirklich geschaffen werden kann noch auch nur entfernt notwendig ist, wurde dem Vermittlungsamt eine technische und wirschaftliche Bedeutung zugemessen, die ihm nach den beschränkten tatsächlich zu leistenden Aufgaben in keiner Weise zukommt.

Ist aber erst das Vermittlungsamt nicht mehr das ungefüge Monstrum, dessen Bleigewicht auf allen Teilen des Organismus einer Anlage lastet, dann lösen sich auch spielend alle die kleinen technischen Unterfragen, welche die Individualisierung des Verkehrs der einzelnen, so überaus verschiedenen Teilnehmer eines größeren Ortsnetzes mit sich bringt.

b) Die Landesnetze.

Die Landesnetze werden gebildet aus der Gesamtheit der Ortsnetze und der letztere verbindenden Fernleitungen und aus den die Grenze des Landes verlassenden Fernleitungen.

Den Mittelpunkt eines Landesnetzes hinsichtlich der Anlage und Betriebsorganisation bildet vielfach die Landeshauptstadt. Die letztere enthält meist das größte Ortsnetz mit einem oder mehreren Vermittlungsämtern und einer mehr oder minder

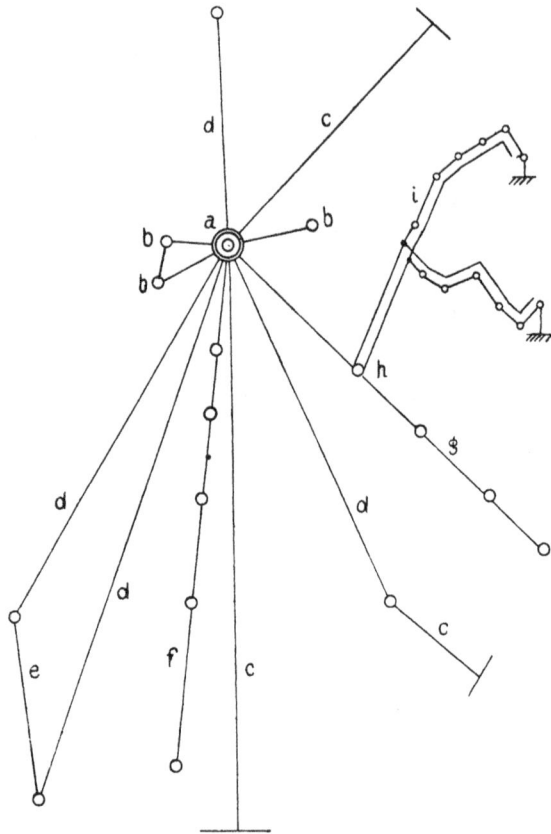

Fig. 25.

großen Anzahl von Vorortsnetzen, deren Vermittlungsämter sich im übrigen in nichts von den einzelnen Vermittlungsämtern des Stadtnetzes unterscheiden, wenn nicht dadurch, daß sie nicht mit allen übrigen Vorortsnetzen direkt verbunden sind.

In Figur 25 ist der allgemeine Typus eines Landesnetzes dargestellt.

a bedeutet das Hauptstadtnetz, *b, b, b* sind Vorortsnetze. Es hängt lediglich von der Größe der Vorortsnetze und der Lebhaftigkeit ihres Verkehrs mit dem Hauptstadtnetz ab, ob die das Vorortsnetz mit dem Hauptstadtnetz verbindenden Leitungen als Fernleitungen im eigentlichen Sinne oder mehr als Verbindungsleitungen zwischen verschiedenen Vermittlungsämtern desselben Ortsnetzes betrieben werden.

c, c, c sind Fernleitungen, welche die Landesgrenzen überschreiten.

d, d, d, d bedeuten Fernleitungen, welche Ortsnetze des Landes mit jenem der Hauptstadt verbinden und den direkten Verkehr der Ortsnetze mit der Hauptstadt und durch Vermittlung der letzteren den Verkehr der Ortsnetze unter sich ermöglichen.

e ist eine Fernleitung, welche den direkten Verkehr zwischen zwei Ortsnetzen gestattet.

f zeigt eine Fernleitung, in welche sechs kleinere Ortsnetze einbezogen sind und vermittelst wahlweisen Anrufs mit der Hauptstadt und weiterhin mit den übrigen Teilen des Landesnetzes und unter sich verkehren

g ist eine Fernleitung mit mehreren Ortsnetzen, an deren eines, *h*, ein von *h* aus betriebenes kleines Ortsnetz *i* nach der Seite 43 angegebenen Anordnung angeschlossen ist.

Schlufs.

Versuchen wir, die Grundgedanken der vorstehenden Ausführungen zu möglichst klarem Überblick zusammenzufassen.

Die Frage der Entwicklung des Fernsprechwesens in Deutschland ist vor allem eine wirtschaftliche Frage.

Die Rente aus dem Telephonbetrieb sinkt mit wachsender Schnelligkeit.

Der wesentliche Grund hierfür liegt darin, daß der Bau- und Betriebsaufwand für zu vergrößernde Anlagen schneller wächst als der Ertrag, weil die Ausnutzung der Betriebsmittel um so ungünstiger wird, je mehr die Zahl der Teilnehmer einer Anlage ansteigt.

Da keine Rede davon sein kann, das Ansteigen dieser Zahl künstlich zu verzögern, so ist die bestehende und zunehmende Mangelhaftigkeit in der Ausnutzung der Betriebsmittel als der Kernpunkt der ganzen Frage anzusehen.

Ungenügend ist die Ausnutzung hinsichtlich der beiden kostspieligsten Betriebsmittel, welche den weitaus größten Teil der Bau- und Betriebskosten bedingen, hinsichtlich der Leitungen und hinsichtlich der Vermittlungsämter.

Die ungenügende Ausnutzung des Leitungsmaterials hat zwei Gründe:

Erstens bedient sich immer noch die Mehrzahl der Teilnehmer je einer eigenen Anschlußleitung zum Vermittlungsamt, welche naturgemäß nur einen geringen Bruchteil des Tages im Gebrauch steht.

Zweitens: Wo die Benutzung einer gemeinsamen Leitung zum Vermittlungsamt durch mehrere Teilnehmer statthat, geschieht dies unter technisch, wirtschaftlich und rechtlich durchaus ungenügenden Bedingungen.

Die ungenügende Ausnutzung des Vermittlungsamtes beruht erstens darauf, daß im Amt die technischen Voraussetzungen geschaffen sind, daß jeder Teilnehmer mit jedem anderen verbunden werden könne, obwohl die wirkliche Ausführung all dieser Verbindungen unmöglich ist, und wenn sie möglich wäre, überflüssig wäre; zweitens darauf, daß die mit eigener Leitung angeschlossenen Teilnehmer nicht nur diese, sondern auch die damit verbundenen Einrichtungen des Vermittlungsamtes ungenügend ausnutzen.

Die in den Nebenstellen gegebene Form der gemeinsamen Benutzung ein und derselben Anschlußleitung durch mehrere Teilnehmer ist in rechtlicher Beziehung insofern völlig ungenügend, als sie die Möglichkeit, einen Nebenstellenanschluß zu erhalten, von der Willkür der Hauptstelleninhaber abhängig macht. Wenn sich kein Hauptstelleninhaber bereit gefunden hätte, eine Nebenstelle zu gestatten, so gäbe es heute überhaupt noch keine Nebenstelle.

Insofern der Inhaber der Hauptstelle entscheidet, zu welchem Preise er die Einrichtung einer Nebenstelle gestatten will, ist die jetzige Form der Nebenstelle auch vom wirtschaftlichen Standpunkt sowohl für die Teilnehmer als für die Betriebsverwaltung durchaus ungenügend.

Aus dem Umstande, daß der gesamte Verkehr einer Nebenstelle von dem Inhaber der Hauptstelle vermittelt werden muß, ergeben sich sowohl für die Benutzer der Haupt- und Nebenstellen als für die übrigen Teilnehmer des Orts-, ja Landes- und internationalen Netzes, Übelstände in solcher Menge und

Lästigkeit, daß von einer technisch nur einigermaßen befriedigenden Einrichtung nicht mehr gesprochen werden kann.

Findet einerseits eine ungenügende Ausnutzung von Leitungen und Vermittlungsamtseinrichtungen statt, so besteht anderseits eine unzweckmäßige und verschwenderische Benutzung dieser Betriebsmittel. Es hat keinen Zweck, den sehr lebhaften Verkehr zweier Nachbarn über zwei lange Anschlußleitungen und unter fortwährender Beanspruchung der Einrichtungen des Vermittlungsamts und des Telephonistinnenpersonals abwickeln zu lassen.

Dies kann für den Verkehr nicht nur zwischen zwei Nachbarn, sondern für den Verkehr ganzer Gruppen von Teilnehmern zutreffen. Die ungenügende Ausnutzung des Leitungsmaterials wird am wirksamsten bekämpft durch die zweckmäßige Ausgestaltung des Prinzips der gemeinsamen Benutzung ein und derselben Leitung durch mehrere Teilnehmer.

Folgende Richtlinien sind maßgebend:

Wieviele und welche Teilnehmer in eine gemeinsame Leitung einzubeziehen sind, entscheidet die Betriebsleitung.

Die Gebühr setzt die Verwaltung fest.

Die in eine gemeinsame Leitung zusammengefaßten Teilnehmer haben hinsichtlich der Benutzung der gemeinsamen Leitung gleiche Rechte und gleiche Pflichten.

Der Betrieb der gemeinsamen Leitung ist vollautomatisch mit wahlweisem Anruf und gewährt jedem der eingeschalteten Teilnehmer die absolut gleichen Benutzungsmöglichkeiten.

Es gibt Leitungen, in welchen nur zwei Teilnehmer eingeschaltet sind, Leitungen, in welche drei, bzw. vier oder fünf oder sechs oder mehr einbezogen sind.

Der Teilnehmer hat die Wahl unter den verschiedenen Leitungsarten, wenn sein Verkehr das von der Verwaltung für die gewählte Leitungsart festgesetzte Höchstmaß nicht überschreitet.

Weitere Mittel, die Ausnutzung des Leitungsmaterials zu erhöhen, bieten die direkten Verbindungen von Teilnehmersprechstellen und die Anwendung automatischer Vermittlungsämter.

Die Ausnutzung der Einrichtungen des allgemeinen Vermittlungsamtes wird erhöht:

Erstens durch Ersetzung des Vielfachbetriebs durch den **Transferbetrieb,**

zweitens durch die mehreren Teilnehmern gemeinsamen
Anschlußleitungen,

drittens durch die Herstellung direkter Verbindungen
zwischen solchen Teilnehmerstellen, deren Verkehr unter sich
so lebhaft ist, daß sich die Vermittlung desselben durch das
allgemeine Vermittlungsamt nicht rechtfertigt,

viertens durch Anwendung automatischer Vermittlungsämter, welche eine mehr oder minder große Anzahl von Teilnehmern zu je einer Gruppe zusammenfassen, innerhalb welcher
sich der überwiegende Teil des Verkehrs dieser Teilnehmer abspielt, während der Rest ihres Verkehrs der Vermittlung durch
das allgemeine Vermittlungsamt vorbehalten bleibt.

Gestatten die genannten Mittel der gemeinsamen Leitungsbenutzung, der direkten Verbindungen und der automatischen
Vermittlungsämter, einzeln angewendet, schon die Ausnutzung
einer gegebenen Fernsprechanlage um ein Vielfaches zu erhöhen,
so wird dies Ziel in weit vollkommenerer Weise erreicht, wenn
die Mittel miteinander kombiniert angewendet werden.

Die Kombination dieser Mittel gibt nicht nur ein Maximum
der Ausnutzung der Betriebsmittel einer gegebenen Anlage und
verleiht ihr die größte Elastizität, sondern sie gestattet so zu
individualisieren, daß jedem Bedürfnis die seiner Eigenart ent-
sprechendste Befriedigung geboten werden kann.

Diese Möglichkeit schafft aber erst die unerläßliche Voraussetzung zu einem, eine genügende Rentabilität sichernden
und allen gerechten Ansprüchen der Interessenten genügenden
Gebührentarif.

Verlag von R. Oldenbourg in München und Berlin.

Die Schwachstromtechnik in Einzeldarstellungen.

Unter Mitwirkung zahlreicher Fachleute.

Herausgegeben von

J. Baumann, und **Dr. L. Rellstab,**
Oberingenieur in München. Schöneberg-Berlin.

Die Anwendungen des Schwachstroms umfassen heute ein Gebiet von solcher Ausdehnung und Vielgestaltigkeit, daß die Auflösung des Stoffes in Einzelgebiete für die Darstellung sowohl wie für den Belehrung Suchenden zum unabweisbaren Bedürfnis geworden ist. Dieses Bedürfnis zu befriedigen, ist das Programm des oben angekündigten Sammelunternehmens, das nach seiner Vollendung eine vollständige Übersicht bieten soll über das Gesamtgebiet derjenigen Elektrizitätsanwendungen, in welchem nicht die materielle Stromwirkung, sondern deren geistige Deutung den Zweck der Anwendung bildet. In erster Linie für die weitesten Kreise der Praxis bestimmt, gibt jeder Band, ein abgeschlossenes Ganzes bildend und einzeln käuflich, in einfacher, allgemein verständlicher Darstellung eine gedrängte und doch erschöpfende Übersicht über das behandelte Anwendungsgebiet nach dem neuesten Stand von Wissenschaft und Technik. Dementsprechend sind historische Erörter ngen auf das Notwendigste beschränkt, ist auf die mathematische Ausdrucksweise fast gänzlich verzichtet. Dagegen wird überall die Kenntnis der Fundamentaltatsachen des betreffenden Stoffgebietes vorausgesetzt, weshalb insbesondere physikalische Einleitungen durchwegs vermieden sind. Überall aber ist die Betrachtung so weit geführt, daß dem Leser nicht nur ein Bild des augenblicklichen Standes des betreffenden Gebietes entsteht, sondern auch die Richtlinien künftiger Entwicklung erkennbar werden. Nicht ausgeschlossen ist, daß der eine oder andere Band auch vorwiegend irgendeine wichtige Einzelneuerung eines Gebietes behandelt oder auch zum erstenmal zur öffentlichen Kenntnis bringt.

Außer dem vorliegenden Band I

„J. Baumann, Der wahlweise Anruf"

sind in Aussicht genommen und teilweise in Vorbereitung:

Die Morse-Schnell-Bildtelegraphie.	Kabeltelegraphie.
Haustelegraphie und Telephonie.	Medizinische Anwendungen der
Eisenbahntelegraphie.	Elektrizität.
Militärtelegraphie.	Das Relais.
Feuertelegraphen, Zustandsan-	Telephon und Mikrophon und die
zeiger, elektrische Uhren.	Telephonapparate.
Typendrucker.	Die Telephonzentralen.
Elemente.	Die Funkentelegraphie.
Der Schwachstrommonteur.	Elektrische Messungen.
Theorie der Leitungen u. Leitungs-	Materialien und Fabrikations-
bau.	methoden.

Verlag von R. Oldenbourg in München und Berlin.

Technisches Wörterbuch

in sechs Sprachen

mit Illustrationen, Formeln etc. nach der

Methode Deinhardt-Schlomann.

Jeder strebende Ingenieur und Techniker, der die internationalen Vorgänge auf seinem engeren Arbeitsgebiete aufmerksam verfolgt, oder der im geschäftlichen Verkehr mit dem Auslande, sei es anläßlich von Bestellungen, sei es bei Aufstellung maschineller Anlagen, mit des Deutschen unkundigen Industriellen, Fachgenossen oder Arbeitern verkehren muß, wird es unangenehm empfunden haben, daß sich die bisher bestehenden fremdsprachlichen Wörterbücher in zahlreichen Fällen als unzureichend erweisen. Dies im einzelnen hier auszuführen, mangelt der Raum. Jedenfalls aber ist sicher, daß die bestehenden fremdsprachlichen Wörterbücher durchaus unvollständig sind und auch sein müssen. Denn sie können auf dem gegebenen bescheidenen Umfange unmöglich die Terminologie der gesamten Technik enthalten, umfaßt doch z. B. das Gebiet der Elektrotechnik allein rund 10 000 Worte. Es dürfte des ferneren aber auch die Erfahrung gemacht worden sein, daß die vorhandenen Übersetzungen von technischen Begriffen und Gegenständen sich nicht immer als unbedingt zuverlässig erweisen. Der Grund hierfür liegt in dem für die Zusammenstellung technischer Wörterbücher vorherrschend angewandten philologischen Prinzip, das zu wenig den schwankenden Sprachgebrauch der Praxis berücksichtigt. Ein dritter Übelstand ist die bisherige innere Einrichtung der Lexika, die infolge der alphabetischen Anordnung für jede Sprache die Erwerbung und den Gebrauch eines besonderen Wörterbuches verlangt.

Diese Erwägungen veranlaßten die Herren Ingenieure **Kurt Deinhardt** und **A. Schlomann** in Gemeinschaft mit dem unterzeichneten Verlage zur Herausgabe der oben angekündigten Wörterbücher, die bezüglich der Feststellung der Terminologie in den einzelnen Sprachen sowie der inneren Einrichtung grundsätzliche Abweichungen von den bisherigen Methoden aufweisen.

1. Jeder Band des Unternehmens wird nur ein Spezialgebiet der Technik umfassen.

Dadurch ist es möglich, auf relativ geringem Umfange dem Ingenieur und Techniker für sein engeres Arbeitsgebiet ein durchaus lückenloses fremdsprachliches Wörterbuch zu schaffen. Die Terminologie der übrigen

Zweige ist für ihn fast zwecklos, denn die Kenntnis der nur auf dem Gebiete beispielsweise der Architektur, des Hoch- und Brückenbaues etc. vorkommenden Worte kann z. B. der Maschineningenieur entbehren.

2. Jedem Wort (Begriff oder Gegenstand) ist, soweit möglich, dessen bildliche Übersetzung in Form der Skizze, der Formel, des Symbols, also in einer allen Ländern verständlichen Universalsprache beigegeben.

Ebenso wie diese bildliche Darstellung, auf Grund der die Feststellung der fremdsprachlichen Ausdrücke in dem betreffenden Lande selbst, und zwar durch Fachingenieure in Werkstätten, Konstruktionsbureaus vorgenommen wurde, schon bei der Zusammenstellung des Inhaltes fast jede Unkorrektheit ausschließt, bildet sie auch im Gebrauche der Wörterbücher ein kaum hoch genug einzuschätzendes Kontrollmittel.

3. Die Deinhardt-Schlomannsche Methode vermeidet die bisherige alphabetische Anordnung und teilt den Gesamtinhalt eines Bandes in sachgemäß zusammengehörige Gruppen ein.

Wenngleich es also dem Fachmanne leicht ist, ein Wort auf Grund der Gruppeneinteilung (also z. B. 1. Schrauben, 2. Keile, 3. Nieten etc.) und mit Hilfe der beigegebenen Abbildung zu finden, enthält außerdem jeder Band am Schlusse ein alphabetisches Register aller aufgenommenen Worte sämtlicher in dem Bande enthaltener Sprachen, mit dem kurzen Verweis auf die betreffende Stelle im Hauptteil. Ein und dasselbe Exemplar kann daher in jedem Lande der aufgenommenen Sprachen:

Deutsch — Englisch — Französisch — Russisch — Italienisch — Spanisch,

gebraucht werden, so daß durch die erwähnte grundsätzliche Abweichung von der bisherigen lexikalischen Einrichtung ein Band der Deinhardt-Schlomannschen Wörterbücher 30 zweisprachige Wörterbücher alten Systems ersetzt.

Als I. Band erscheint voraussichtlich in der ersten Hälfte des Jahres 1905:

„Die Maschinenelemente und die gebräuchlichsten Werkzeuge zur Bearbeitung von Holz und Metall."

Der II. Band wird das Gesamtgebiet der Elektrotechnik umfassen und größtenteils voraussichtlich Anfang 1906 zur Ausgabe gelangen.

Ausführlichere Prospekte über das Unternehmen auf Verlangen gratis und franko.

Verlag von R. Oldenbourg in München und Berlin.

Elektrotechnisches Auskunftsbuch.

Alphabetische Zusammenstellung
von Beschreibungen, Erklärungen, Preisen, Tabellen und Vorschriften,
nebst Anhang, enthaltend Tabellen allgemeiner Natur.

Herausgegeben von **S. Herzog,** Ingenieur.

IV und 856 Seiten 8°. Preis gebunden M. 10.—.

Die große Ausdehnung und die Fortschritte, welche die
Elektrotechnik in Wissenschaft und Praxis bis heute gewonnen
hat, haben die Anforderungen an das Wissen und Können
in diesem Berufe außerordentlich gesteigert. Gleichzeitig
damit entstand aber auch, wie in demselben Grade auf keinem
anderen Gebiete der Technik, eine überreiche Fachliteratur,
in der wohl fast jede Frage der Elektrotechnik eine mehr
oder weniger ausführliche Beantwortung und Bearbeitung gefunden hat. Anderseits wuchs in gleichem Schritt mit der
zunehmenden Ausdehnung der Literatur die Schwierigkeit, sie
für die Beantwortung einzelner Fragen zu verwerten; denn
es erfordert eine ganz seltene Literaturkenntnis, um bei Bedarf das zweckdienliche, meist verstreut vorhandene Material
überhaupt zu finden, oder nötigt zum mindesten jeweils zu
einem sehr zeitraubenden, oft einem Nachstudium der betreffenden Werke gleichkommenden Suchen.

Diese Erwägungen veranlaßten uns zur Herausgabe
des obigen Werkes, dessen Ziel es ist, dem Ingenieur über
jede in das Gebiet der Elektrotechnik zu zählende Materie,
durch alphabetische Anordnung zuverlässiger Angaben **augenblicklich ohne vorhergehendes Suchen** genügend zu unter-
richten. Das Werk soll daher nicht ein Literatur-Quellen-
nachweis sein, sondern in selbständigen, möglichst knapp
gehaltenen, jedoch erschöpfenden Erläuterungen die verschiedenen elektrotechnischen **Begriffe** kennzeichnen, und gleichzeitig über die besonders für die Praxis so außerordentlich
wichtigen **Preise** der zahlreichen **elektrotechn. Artikel,** über die
Erstellungs- und **Betriebskosten ganzer Anlagen** oder **Teile**
derselben und wo nötig über die **Behandlungsarten der einzelnen Materien** etc. umfassende, objektiv gehaltene Auskunft
geben. Das Entgegenkommen der für die elektrotechnische
Branche maßgebenden Firmen kam dem Verfasser hierbei
sehr zustatten und ermöglichte es, die derzeit geltenden
Marktpreise aller elektrotechnischen Artikel genau und ein-
wandfrei zu verzeichnen.

Wir hoffen, mit unserem Elektrotechnischen Auskunfts-
buch für **alle elektrotechnischen Interessentenkreise,** also
Konstrukteure wie **Kalkulations-Ingenieure** oder **Betriebs-
leiter** sowie insbesondere auch für erst in die Praxis tretende
jüngere Ingenieure, ein Werk zu liefern, das sich als **eine
reichhaltige, täglich verwertbare Fundgrube** und folglich
als eines der **unentbehrlichsten Hilfsmittel für den Elektrotechniker** erweisen dürfte.

Verlag von R. Oldenbourg in München und Berlin.

Deutscher
Kalender für Elektrotechniker.

Herausgegeben von

F. Uppenborn, Stadtbaurat in München.

21. Jahrgang. Zwei Teile, wovon der 1. Teil in Brieftaschen-
form (Leder) gebunden M. 5.—.

Österreichischer
Kalender für Elektrotechniker.

Unter Mitwirkung hervorragender Fachleute
herausgegeben von

F. Uppenborn, Stadtbaurat.

Preis Kr. 6.—.

Schweizerischer
Kalender für Elektrotechniker.

Unter Mitwirkung von Ingenieur **S. Herzog,** Zürich,
herausgegeben von

F. Uppenborn, Stadtbaurat.

Preis Frs. 6.50.

Der Uppenbornsche Kalender für Elektrotechniker hat sich von Anfang an die Sympathien der Elektrotechniker erworben und auch bis
heute in so hohem Grade zu erhalten gewußt, daß ihn jeder Elektro-
Ingenieur als beständigen Begleiter und nie versagenden Ratgeber bei
sich führt. Diese Beliebtheit des Kalenders hat vor allem darin seinen
Grund, daß er sich nicht darauf beschränkt, eine trockene Zusammenstellung von Tabellen und Zahlenangaben zu bieten, sondern unter Ver-
meidung alles für die praktische Anwendung nicht unmittelbar Notwendigen die verschiedenen Gebiete der Stark- und Schwachtechnik in
kurzen Abrissen nahezu erschöpfend und dem neuesten Standpunkte
entsprechend behandelt. Hierdurch ersetzt er dem praktisch
tätigen Elektrotechniker in mancher Beziehung eine Biblio-
thek von Spezialwerken, bietet aber dieser gegenüber, abgesehen
von der größeren Handlichkeit und steten Hilfsbereitschaft, den unschätz-
baren Vorteil, daß er stets mit den Fortschritten der Wissenschaft und
Technik in lebendiger Fühlung ist, während Spezialwerke, die nicht in
jedem Jahr neu aufgelegt werden können, bei der raschen Entwicklung
der Technik schnell veralten.

Verlag von R. Oldenbourg in München und Berlin.

Elektrische Bahnen u. Betriebe.

Zeitschrift
für Verkehrs- und Transportwesen.

Herausgeber: **Wilhelm Kübler,**

Professor an der Kgl. Technischen Hochschule zu Dresden.

STÄNDIGE MITARBEITER.

Geh. Reg.-Rat Prof. von Borries-Charlottenburg; Prof. Buhle-Dresden;
Prof. Görges-Dresden; Professor Kammerer-Charlottenburg; Reg.-Rat
H. Kemmann; Direktor Kolben-Prag; Prof. Giovanni Ossanna-München;
Regierungsbaumeister Pforr-Berlin; Professor Dr.-Jng. Reichel-Berlin;
Prof. Dr. Rössler-Charlottenburg; Regierungsbaumeister Schimpff-Altona;
Spängler, Direktor der städtischen Strafsenbahnen in Wien; Geh. Baurat Prof.
Dr. Ulbricht-Dresden; Stadtbaurat Uppenborn-München; Prof. Veesen-
meyer-Stuttgart; Geh. Baurat Wittfeld-Berlin.

Die Zeitschrift beabsichtigt die Veröffentlichung von Aufsätzen
wissenschaftlichen Inhaltes aus dem Gebiete des elektrischen
Verkehrs- und Transportwesens mit Einschlufs aller dazu ge-
hörenden technischen Hilfsmittel, eingehende Beschreibung und
zeichnerische Darstellung von bedeutenden Ausführungen und
Projekten, Mitteilung von Betriebsergebnissen, Behandlung wirt-
schaftlicher Fragen und Aufgaben unter Berücksichtigung der
Betriebsführung und des Rechnungswesens, kurze Bericht-
erstattung über allgemein interessierende Vorgänge in der in-
und ausländischen Praxis, über die wesentlichen Erscheinungen
der Fachliteratur, der Statistik usw.

Das Programm der Zeitschrift umfafst das gesamte elektrische
Beförderungswesen, also nicht nur das ganze Gebiet elektrischer
Bahnen (insbesondere auch der Vollbahnen), sondern auch die
Massengüterbewältigung, Hebezeuge, Selbstfahrer, Boote etc.

Die Zeitschrift erscheint in jährlich 36 Heften zu je 20 Seiten 4°
und kostet M. 16.—.

Moderne Gesichtspunkte

für den

Entwurf elektr. Maschinen u. Apparate

von

Dr. F. Niethammer,

Professor an der Technischen Hochschule zu Brünn.

IV und 192 Seiten gr. 8°. Mit 237 Abbildungen.
Preis eleg. geb. M. 8.—.

Die Verwendung des Drehstroms,
insbesondere des hochgespannten Drehstroms

für den

Betrieb elektrischer Bahnen.

Betrachtungen und Versuche von

Prof. Dr.-Ing. W. Reichel,

Oberingenieur der Firma Siemens & Halske, A.-G.

10 Bogen gr. 8° mit zahlreichen Abbild. und 7 Tafeln.
Preis geb. M. 7.50.

Elektrisch
betriebene Straßenbahnen.

Taschenbuch

für deren

Berechnung, Konstruktion, Montage, Lieferungsaus-
schreibung, Projektierung und Betrieb.

Herausgegeben von

S. Herzog, Ingenieur.

VI und 475 Seiten. Mit 377 Figuren im Text und 4 Tafeln.
Preis eleg. in Leder geb. M. 8.—.

Verlag von R. Oldenbourg in München und Berlin.

Taschenbuch für Monteure elektrischer Beleuchtungs - Anlagen

unter Mitwirkung von

O. Görling und Dr. Michalke

bearbeitet und herausgegeben

von

S. Frhr. von Gaisberg.

28. Auflage. — Preis gebunden M. 2.50.

Das Werkchen ist in folgende Sprachen übersetzt: Französisch — Holländisch — Russisch — Schwedisch — Spanisch.

Hülfsbuch

bei

Revision und Leitung eines Postamts

für

Postaufsichtsbeamte und Postamtsvorsteher.

Zusammengestellt

von

W. Persuhn,

Kaiserl. Postdirektor.

Sechste Auflage. Preis in Leinwand gebunden M. 2.50.

Das vorliegende Werk bietet eine nahezu erschöpfende, planmäßige und knapp gehaltene Zusammenstellung aller wesentlichen, in der A. D. A. f. P. u. T., den verschiedenen besonderen Dienstanweisungen (z. B. für die Postagenturen, Unterbeamten u. s. w.), ferner in den einzelnen Jahrgängen der Postamtsblätter, dem Weltposthandbuche u. s. w. vorkommenden, vorzugsweise seitens der Herren Aufsichtsbeamten und Postamtsvorsteher zu beachtenden Bestimmungen, in den meisten Fällen mit gleichzeitigem genauen Hinweis auf Seite oder Paragraph der betreffenden Dienstanweisung. Zwischendurch finden sich Angaben über verschiedene dem Geschäftsbereiche des Amtsvorstehers entnommene, in der Praxis bewährt befundene postamtliche Einrichtungen·